高等职业院校**数字媒体艺术**系列教材

Illustrator
职业技能实训
案例教程

丛书主编／肖刚强

编　　著／赵苗苗 张思佳

清华大学出版社

北京

内 容 简 介

本书以提高读者对 Illustrator 的实际动手能力和应用能力为目标，通过大量的案例实战，努力为提高读者的技术水平贡献自己的微薄之力。本书分为 3 章，第 1 章介绍了 Illustrator 的基础操作，使读者对 Illustrator 的基本功能和操作有所了解，并可以进行简单图形的绘制；第 2 章从 Illustrator 职业技能的角度出发，重点剖析 Illustrator 在设计领域的常用技术和技巧，使读者在学习典型案例的过程中掌握职业技能；第 3 章将读者带入一个商业实战的情境，在这里读者将进行各种商业实战，包括插画设计、动漫角色设计、标志设计、广告设计等，使读者熟悉 Illustrator 在各种商业作品中的应用，同时掌握各种商业作品的设计和制作技巧。此外，本书每章都附有习题。

本书可以作为大专院校数字媒体艺术专业、平面设计专业、动画设计专业的教材，也可作为广大工程技术人员自学的参考书。

图书在版编目(CIP)数据

Illustrator 职业技能实训案例教程/赵苗苗，张思佳 编著. —北京：清华大学出版社，2011.3
(高等职业院校数字媒体艺术系列教材)
ISBN 978-7-302-24802-6

Ⅰ.Ⅰ…　Ⅱ.①赵…②张…　Ⅲ. 图形软件，Illustrator—高等学校：技术学校—教材　Ⅳ.TP391.41

中国版本图书馆 CIP 数据核字(2011)第 023736 号

责任编辑：于天文
封面设计：ANTONIONI
版式设计：孔祥丰
责任校对：胡花蕾
责任印制：李红英

出版发行：清华大学出版社　　　　　　　　　　地　　址：北京清华大学学研大厦 A 座
　　　　　http://www.tup.com.cn　　　　　　邮　　编：100084
　　　社　总　机：010-62770175　　　　　　邮　购：010-62786544
　　　投稿与读者服务：010-62776969，c-service@tup.tsinghua.edu.cn
　　　质　量　反　馈：010-62772015，zhiliang@tup.tsinghua.edu.cn
印　装　者：北京嘉实印刷有限公司
经　　销：全国新华书店
开　　本：185×260　印　张：9.25　字　数：225 千字
版　　次：2011 年 3 月第 1 版　　印　　次：2011 年 3 月第1次印刷
印　　数：1～4000
定　　价：19.00 元

产品编号：039852-01

PREFACE 前言

目前，我国高等职业教育正面临着重大的改革。教育部提出的"以就业为导向"的指导思想为我们研究人才培养的新模式提供了明确的目标和方向。"外语强，技能硬，综合素质高"是我们认真领会和落实教育部指导思想后提出的新的办学理念和培养目标。新的变化必然带来办学宗旨、教学内容、课程体系、教学方法等一系列的改革。为此，我们组织有经验的专业教师，经过多次探讨和论证，编写了本套教材。

本套教材贯彻了"理念创新，方法创新，特色创新，内容创新"四大原则，在教材的编写上进行了大胆的改革。教材主要针对高职高专艺术设计相关专业的学生，包括艺术设计领域的多个专业方向，如平面设计、影视动画、多媒体、环艺设计等。教材层次分明，实践性强，采用案例教学，重点突出能力培养，使学生从中获得更接近社会需求的技能。

本套教材参考清华大学、中国传媒大学、东北大学等多所院校应用多年的教材内容，结合本校学生的实际情况和教学经验，有取舍地改编和扩充了原教材的内容，使教材更符合本校学生的特点，具有更好的实用性和扩展性。

本套教材可作为大专院校数字媒体等相关专业的教材，也可作为广大技术人员自学的参考书。

翁家彧

2010 年 12 月于大连

翁家彧： 大连软件学院党委书记、院长 教授

CONTENTS 目录

目

录

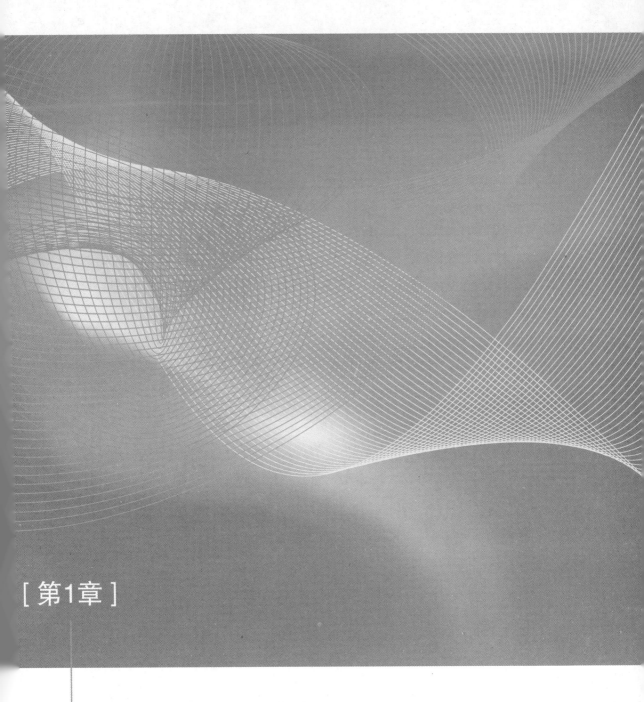

[第1章]

Illustrator
技术基础

1.1 基本概念

1.1.1 矢量图和点阵图

矢量图,也称为面向对象的图像或绘图图像,是以数学的矢量方式来记录图像的内容。其内容以色块和线条为主,如一条直线的数据只需要记录两个端点的位置、直线的粗细和颜色等,因此,矢量图所占的数据容量比较小,它的清晰度与分辨率的大小无关。对矢量图进行放大、缩小、旋转等操作时,图形对象始终保持原有的清晰度和光滑度,不会发生任何偏差,精确度很高。

矢量图形与分辨率无关,也就是说可以将矢量图形缩放到任意尺寸,从而可以按任意分辨率打印,既不会丢失细节,也不会降低清晰度,如图 1-1 所示。因此,对于缩放到不同大小时必须保留清晰线条的图形,如标志,矢量图形是表现这些图形的最佳选择。

图 1-1　矢量图

点阵图也称为位图,是以像素阵列的方式来实现其显示效果的。简单地说,就是由最小单位像素构成的图,缩放会失真。在对点阵图进行编辑操作时,可操作的对象是每个像素。在点阵图中每个像素都有自己的颜色信息,它弥补了矢量图的缺陷,能够制作出丰富的图像,可以表现逼真的自然景观,也很容易在不同软件中交换文件。其缺点是无法制作真正的 3D 图像,并且在缩放和旋转时会失真,同时对硬盘空间的要求较高。点阵图如图 1-2 所示。

图 1-2　点阵图

1.1.2　颜色模式

Illustrator 支持的颜色模式包括 CMYK、RGB、灰度、HSB 和 Web 安全 RGB，常用的是 CMYK 和 RGB 模式。

1. 灰度模式

灰度模式以黑、白或者灰阶层次表现图形。所有灰度对象的亮度值范围是 0%(白色)~100%(黑色)。

2. RGB 模式

RGB 模式也称为加色模式，通过混合红色、绿色、蓝色 3 种基本光色来产生颜色。当这 3 种光色以最大亮度显示时，产生的颜色为白色(R255、G255、B255)；当 3 种光色全部关闭时，产生的颜色为黑色(R0、G0、B0)。

3. CMYK 模式

CMYK 模式是打印中最常用的颜色模式。它的原色由青色、洋红色、黄色、黑色 4 种打印油墨构成。CMYK 模式的色彩值以颜色的百分比表示，与 RGB 模式不同的是，当所有颜色的百分比最小时产生的颜色为白色,当所有颜色的百分比最大时产生的颜色为黑色。

4. HSB 模式

HSB 模式是根据颜色的色相、饱和度和亮度来确定颜色的。其中，H 表示色相，S 表示饱和度，B 表示亮度。

5. Web 安全 RGB 模式

Web 安全 RGB 模式是指可以在网页上安全使用的颜色模式。

1.2 Illustrator 工作界面

中文版 Illustrator CS3 的工作界面主要由标题栏、菜单栏、工具栏、工具箱、控制面板等几部分组成，如图 1-3 所示。

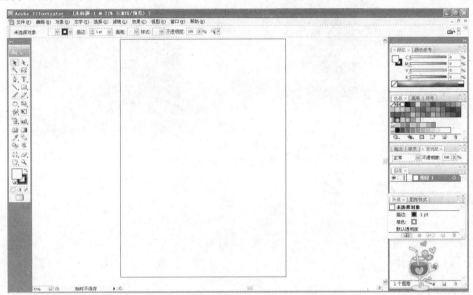

图 1-3　Illustrator CS3 的工作界面

1. 标题栏

标题栏左侧是当前运行的程序的名称，右侧是控制窗口的按钮。

2. 菜单栏

Illustrator 的主要功能都可以通过执行菜单栏中的命令来完成。Illustrator 的菜单栏包括"文件"、"编辑"、"对象"、"文字"、"选择"、"滤镜"、"效果"、"视图"、"窗口"和"帮助"10 个菜单。

3. 工具栏

工具栏提供了选择对象和使用工具时的相关选项。通过对控制面板中相关选项的设置，可以控制对象产生相应的变化。

4. 工具箱

在默认情况下，工具箱位于绘图区的左边，在工具箱中放置了使用频繁的绘画和编辑工具。有的工具中还包含其他工具，它们被称为隐藏工具。包含隐藏工具的图标，在其右下角带有一个三角形符号，用鼠标单击带有三角形符号的图标，可打开隐藏工具条，将鼠标拖动到工具条的图标上，即可选取该隐藏工具。为了释放更多的屏幕空间，Illustrator CS3

可以根据需要单击工具箱上的"折叠"按钮将工具箱任意设置为单条或双条。

5. 控制面板

控制面板用于管理并编辑对象的组件，可以快速调出许多设置数值和调节功能的对话框。控制面板可以折叠，可根据需要分离或组合。

1.3 常用文件格式

中文版 Illustrator CS3 中的文档根据其用途不同，分为存储图形格式、导入和导出文件格式。

1.3.1 存储图形格式

1. AI 格式

AI 格式是 Illustrator 原生文件格式，可以同时保存矢量信息和位图信息，是 Illustrator 专有的文件格式。AI 格式可以保存画笔、蒙版、效果、透明度、色样、混合、图标数据等。AI 格式的文件可以直接在 Photoshop 和 CorelDRAW 等软件中打开。当在 CorelDRAW 软件中打开时，文件仍为矢量图形，且可以对图形的颜色和形状进行修改。

2. Illustrator EPS(*.EPS)

EPS 格式是一种通用的行业标准格式，即跨平台的通用格式，可以同时包含像素信息和矢量信息，但不支持 Alpha 通道。大多数绘图软件和排版软件都支持 EPS 格式。它可以在各软件之间相互交换，用于印刷、输出 Illustrator 文件的格式，将所选路径以外的区域应用为透明状态。

3. PDF 格式

PDF 格式是一种跨平台的文件格式，Adobe Illustrator 和 Adobe Photoshop 都可以直接将文件存储为 PDF 格式。PDF 格式的文件可用 Acrobat Reader 在 Windows、Mac OS、UNIX、DOS 环境中进行浏览。

1.3.2 导入和导出文件格式

1. Photoshop Document(PSD)格式

PSD 格式是 Adobe 公司开发 Photoshop 软件的专用格式，该格式能保存图像数据的每一个细节，且各图层中的图像相互独立，其唯一的缺点是存储的图像文件比较大。AI 格式图像可以被 Illustrator 输出为 Photoshop 文件，并保留源文件的许多特性。但建议在 Photoshop 中使用"智能对象"，而无须将整个文档导出为 PSD 格式。

2. JPEG(JPG)格式

JPEG 格式是一种用来描述位图的文件格式，可用于 Windows 和 MAC 平台上。它支持 CMYK、RGB 和灰度颜色模式的图像，但不支持 Alpha 通道。此格式还可以将图像进行压缩，使图像文件变小，它是所有压缩格式中最卓越的。需要注意的是，JPEG 格式是一种有损压缩格式，但在文件压缩前，可以在弹出的对话框中设置压缩的大小，这样就可以有效地控制压缩时损失的数据量。JPEG 是网页上常用的一种格式，它可以存储 RGB 和 CMYK 模式的图像，但不能存储 Alpha 通道，也不支持透明。

3. TIFF 格式

TIFF 格式是一种灵活的位图图像格式，可支持跨平台的应用软件。TIFF 支持具有 Alpha 通道的 CMYK、RGB、Lab、索引颜色和灰度图像以及无 Alpha 通道的位图模式图像。大多数绘画、图像编辑和页面排版应用程序都支持该格式，而且几乎所有桌面扫描仪都可以生成 TIFF 图像。TIFF 采用的是 LZW 无损压缩技术。

4. BMP 格式

BMP 格式是在 DOS 和 Windows 平台上常用的一种标准位图图像格式。当图像以这种格式保存时，可以选择保存为 Microsoft Windows 或者 OS/2 格式。另外，该格式支持 RGB、索引颜色、灰度和位图颜色的图像，但不支持 Alpha 通道。

5. PNG 格式

PNG 格式是 Adobe 公司针对网络图像开发的文件格式。

这种格式可以使用无损压缩方式压缩图像文件，并利用 Alpha 通道制作透明背景，是功能非常强大的网络文件格式，但是老版本的 Web 浏览器可能不支持。

6. Macromedia Flash(SWF)格式

SWF 格式是一种以矢量图像为基础的文件格式，常用于交互和动画的 Web 图形。将图形以 SWF 格式输出，便于 Web 设计和在配备 Macromedia Flash Player 的浏览器上浏览。

7. SVG(*.SVG)

SVG 是为了表现二维图像而基于 XML 创建的语言，是 XML 图像标注文件格式。SVG 格式是一种标准的矢量图形格式，它可以使用户设计出高分辨率的 Web 图形页面，并且可以使图形在浏览器的页面上呈现更好的效果。比外，还有 SVG Compressed 格式。SVG Compressed(*.SVGZ)是压缩 SVG 格式文件后的文件格式。

8. GIF 格式

图像交换格式(Graphics Interchange Format，GIF)，只支持 256 色以内的图像。采用无

损压缩存储，在不影响图像质量的情况下，可以生成很小的文件。它支持透明色，可以使图像浮现在背景之上。同时，GIF 文件可以制作动画，这是它最突出的一个特点。

9. PCX 格式

PCX 格式通常应用于 IBM PC 兼容计算机上，支持 24 位颜色，并且支持 RLE 压缩方式，可以使图像占用较小的磁盘存储空间。

10. PostScript 语言文件格式

PostScript 是文件在打印之前的一种转换格式，它用于许多桌面、打印机和全部高终端的打印系统中。因为大部分打印机都支持 PostScript 格式，所以，大部分应用软件都能产生 PostScript 文件以供打印。

1.4 Illustrator 基本操作

1.4.1 新建、打开、关闭、保存文件

1. 新建文件

执行"文件" | "新建"命令或按 Ctrl+N 快捷键，打开"新建文档"对话框，设置该对话框中与新文件相关的选项，如图 1-4 所示。

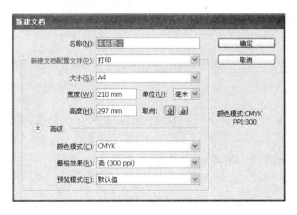

图 1-4　"新建文档"对话框

名称：定义新文件的名称。

大小：在其下拉列表中可选择预设的文件尺寸，其中有系统自带的几种文件尺寸设置。选择某个选项后，在"宽度"和"高度"文本框中将显示该选项的宽度和高度值。如果选择"自定"选项，可以直接在"宽度"和"高度"文本框中输入需要的文件尺寸。

单位：用于设置文件单位的度量值。

取向：其右侧的两个按钮用来设置绘图页面的显示方向，单击按钮就可以在横向和纵向之间进行切换。

颜色模式：包括 CMYK 和 RGB 两种颜色模式，可根据需要进行选择。

栅格效果：设置 ppi 的参数，为文档中的栅格效果指定分辨率。

预览模式：为文档设置预览模式，包括"默认"、"像素"、"叠印"3 种模式，可使用"视图"菜单更改此选项。

2. 打开文件

执行"文件"|"打开"命令或按 Ctrl+O 快捷键，系统弹出"打开"对话框，从中查找所需文件然后将其打开。若多次使用某些文件，可执行"文件"|"最近打开的文件"命令，在弹出的对话框中选择最近保存或打开过的图形文件，如图 1-5 和图 1-6 所示。

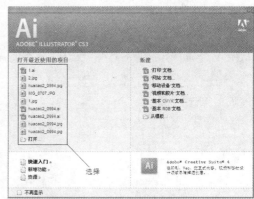

图 1-5　"打开"对话框　　　　　图 1-6　选择最近使用的项目

3. 关闭文件

执行"文"|"关闭"命令或按 Ctrl+W 快捷键即可关闭单个图形文件。

按 Ctrl+Alt+W 快捷键可关闭所有打开的图形文件。

按 Ctrl+Q 快捷键或 Alt+F4 快捷键，或单击界面右上角的"关闭"按钮即可退出 Illustrator。

4. 保存文件

执行"文件"|"存储"命令或按 Ctrl+S 快捷键，可将文件的最新更新保存在默认的文件中和默认的位置。

执行"文件"|"存储为"命令或按 Ctrl+Shift+S 快捷键，弹出"存储为"对话框，可在"保存在"下拉列表中选择文件要存储的位置；在"文件名"文本框中输入文件名；在"保存类型"下拉列表中选择文件类型，设置完成后单击"保存"按钮，如图 1-7 所示。此时可编辑的文件为保存之后的文件。

图 1-7　"存储为"对话框

执行"文件"|"存储副本"或按 Ctrl+Alt+S 快捷键，可将正在编辑的文件存储为一个副本文件，但保持正在编辑的文件，也就是原来文件的可编辑性。

执行"文件"|"存储为 Web 和设备所用格式"或按 Ctrl+Alt+Shift+S 快捷键，即可将文件保存为适合 Web 和设备显示用的优化图形。

1.4.2　图形缩放、适合窗口大小、实际大小

执行"视图"|"放大"命令或按 Ctrl++，则执行一次"放大"命令，页面内的图形就会按照一定的比例放大。

执行"视图"|"缩小"命令或按 Ctrl+－，则执行一次"缩小"命令，页面内的图形就会按照一定的比例缩小。

按 Ctrl+空格键则鼠标变成放大镜，在页面中想要放大的位置进行单击，图形就会按照一定的比例放大。

按 Ctrl+空格键+ Alt 则鼠标变成缩小镜，在页面中想要缩小的位置进行单击，图形就会按照一定的比例缩小。

执行"视图"|"适合窗口大小"命令或按 Ctrl+0，此时图像会最大限度地显示在工作界面，并保持其完整性。

执行"视图"|"实际大小"命令或按 Ctrl+1，可将图像按 100%的比例显示。

1.4.3　更改屏幕模式

Adobe Illustrator 提供了 4 种屏幕模式，分别是"最大屏幕模式"、"标准屏幕模式"、"带有菜单栏的全屏模式"、"全屏模式"，按 F 键，即可在 4 种模式中循环切换。

最大屏幕模式：在最大化窗口中显示图稿，菜单栏位于顶部，滚动条位于侧面，并且没有标题栏。

标准屏幕模式：在标准窗口中显示图稿，菜单栏位于窗口顶部，滚动条位于侧面。

带有菜单栏的全屏模式：在全屏窗口中显示图稿，有菜单栏但是没有标题栏或滚动条。

全屏模式：在全屏窗口中显示图稿，不带标题栏、菜单栏或滚动条。

1.4.4　更改视图模式

Illustrator 有 4 种不同的视图模式，包括"轮廓"显示模式、"预览"显示模式、"叠印预览"显示模式和"像素预览"显示模式。

1. "轮廓"显示模式

执行"视图"|"轮廓"命令或按 Ctrl+Y，可将图形或图像以轮廓线方式显示，在"轮廓"模式下隐藏了对象的颜色属性，用线框轮廓来表现结果。我们可以根据需要，单独查看轮廓线，这种显示模式的显示速度和屏幕刷新率比较快，适合查看比较复杂的图形图像。

2. "预览"显示模式

执行"视图"|"轮廓"命令后，图形或图像会以"轮廓"模式显示，若想返回最初的"预览"显示模式，可执行"视图"|"轮廓"命令。在"预览"模式下会显示图形或图像的大部分细节，但占用内存较大，显示和刷新速度较慢，如图 1-8 所示。

图 1-8　"预览"显示模式

3. "叠印预览"显示模式

执行"视图"|"叠印预览"命令或按 Ctrl+Alt+Shift+Y，图形或图像会以"叠印预览"模式显示。在此模式下将显示油墨混合的效果、透明效果，以及分色输出效果，以便进行相应的色彩调整，如图 1-9 所示。

图 1-9　"叠印预览"显示模式

4. "像素预览"显示模式

执行"视图"|"像素预览"命令或按 Ctrl+Alt+Y,"像素预览"模式可以将矢量图转换为位图显示,这样可以有效地控制图像的精确度和尺寸,如图 1-10 所示。

图 1-10 "像素预览"显示模式

1.4.5 隐藏工具箱及控制面板

1. 隐藏与显示工具箱

单击工具箱上方的 按钮,即可折叠工具箱;再次单击即可显示工具箱。

按 Shift+Tab 可以隐藏和显示工具箱。

2. 隐藏与显示控制面板

控制面板是浮动在工作界面右侧的窗口,可用来查看与编辑图、选择颜色、管理图形、查看图像属性等。若要隐藏某个面板,可选择"窗口"菜单,将目标面板设置为未选中状态。反之,若要显示某个面板,选择"窗口"菜单,使目标面板处于被选择状态。

按 Tab 键可同时隐藏或显示工具箱和控制面板。

1.4.6 抓手工具

"抓手工具" 是用来平移图像的工具,可以纵向或横向移动,可以向任何方向滚动。在使用其他工具时,按空格键可临时切换为"抓手工具"。

双击"抓手工具"可以将视图调整到适合窗口的大小。

1.4.7 标尺和参考线

1. 标尺

在 Illustrator 中,可以利用标尺精确地设置图形大小或对图形进行辅助定位。

(1) 显示与隐藏标尺:执行"视图"|"显示标尺"命令,或按 Ctrl+R 组合键,即可在

窗口中显示标尺；若要隐藏标尺，执行"视图"→"隐藏标尺"命令，或按 Ctrl+R 组合键，如图 1-11 所示。

图 1-11　显示 标尺

(2) 定义标尺单位：执行"编辑"|"首选项"|"单位和显示性能"命令，打开"首选项"对话框定义文档的标尺单位。单击"常规"下拉列表选择所需要的标尺单位，如图 1-12 所示。

将鼠标定位在标尺上，单击鼠标右键，在弹出的快捷菜单中也可以选择标尺单位进行设置。

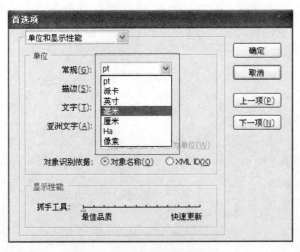

图 1-12　"首选项"对话框

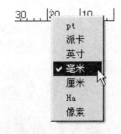

图 1-13　快捷菜单

2. 参考线

参考线是一种辅助创建和编辑图形的垂直和水平直线，分为普通参考线和智能参考线两种。参考线可以任意移动位置、更改颜色，在不需要的时候可以将其删除。

(1) 创建参考线：执行"视图"|"显示标尺"命令，将鼠标指针移动到水平标尺或垂直标尺栏上单击并拖曳，然后在图形窗口的所需位置释放鼠标，创建水平或垂直参考线，如图 1-14 所示。

图 1-14　创建参考线

(2) 锁定参考线：在默认情况下，参考线处于锁定状态，若要移动参考线，首先要取消锁定，执行"视图"|"参考线"|"隐藏参考线"命令，隐藏参考线，这时"隐藏参考线"处于选择状态。若要锁定参考线，可执行"视图"|"参考线"|"锁定参考线"命令，这时"锁定参考线"命令处于选择状态，如图 1-15 所示。

隐藏参考线 (U)	Ctrl+;
锁定参考线 (K)	Alt+Ctrl+;
建立参考线 (M)	Ctrl+5
释放参考线 (L)	Alt+Ctrl+5
清除参考线 (C)	

显示参考线 (U)	Ctrl+;
✔ 锁定参考线 (K)	Alt+Ctrl+;
建立参考线 (M)	Ctrl+5
释放参考线 (L)	Alt+Ctrl+5
清除参考线 (C)	

图 1-15　锁定参考线

1.4.8　重做、还原

Illustrator 会将先前的操作记录在"编辑"|"还原"中，如果选择此命令，能够撤销当前操作。此时将激活"还原"命令，选择此命令，可以恢复前面的还原操作，此命令的快捷方式为 Ctrl+Z。还可执行"编辑"|"重做"命令来重做操作，此命令的快捷方式为 Ctrl+Shift+Z。二者最重要的功能在于工作时更正出现的错误。

1.4.9　定义自己的工作区

Illustrator 工作区共有 3 种类型：基本、类型和面板，默认状态下为"类型"状态。若要激活"类型"工作区，执行"窗口"|"工作区"|"类型"命令即可。若要激活"基本"工作区，执行"窗口"|"工作区"|"基本"命令即可，如图 1-16 所示。

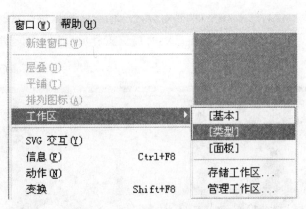

图 1-16　激活"类型"工作区

通过"窗口"还可以激活"属性"面板、"颜色"面板、"导航器"面板等。

执行"窗口"|"工作区"|"存储工作区"命令，弹出"存储工作区"对话框。在"名称"文本框中输入工作区的名称，单击"确定"按钮即可创建一个工作区，如图 1-17 所示。

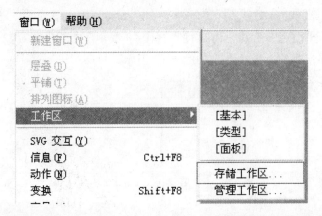

图 1-17　创建工作区

1.4.10　定义 AI 属性

执行"编辑"|"首选项"|"常规"命令或按 Ctrl+K 组合键，弹出"首选项"对话框，如图 1-18 所示。

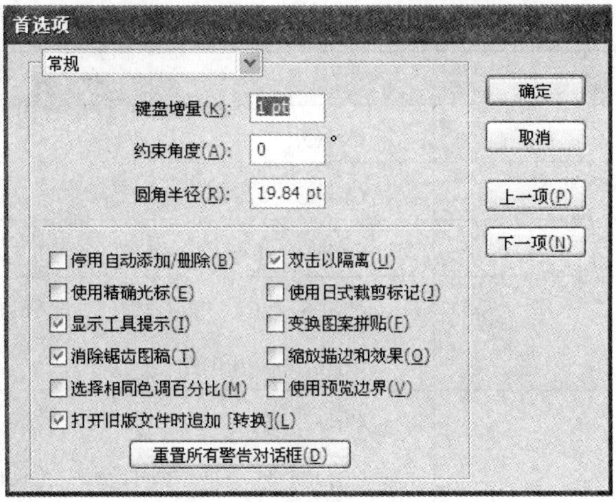

图 1-18 "首选项"对话框

键盘增量：在文本框中输入数值，用于控制在按键盘上的方向键时，被选对象在图形窗口中移动的距离。

约束角度：在文本框中输入一定的角度，用于设置绘制的图形都按指定的角度倾斜。

圆角半径：用于设置工具箱中"圆角矩形工具"的圆角半径，通常情况下其默认值为12pt。半径越大，则圆角矩形的角越圆，当其值为 0 时，则是常规矩形。

停用自动添加/删除：用来设置使用"钢笔工具"时，节点的自动添加或删除。

使用精确光标：选中此选项时，所有的光标都被"X"光标所取代，它能清晰地定位正在单击的点，通过 Caps Lock 键，也能达到选中此项的目的。

显示工具提示：若选中此项，当鼠标指向工具箱上的任何图标时，就会出现该工具的名称和快捷键。

消除锯齿图稿：若选中此项，可以消除图形对象的锯齿，从而得到较为光滑的图形对象。

选择相同色调百分比：若选中此项，可以使用填充色或描边颜色相同的对象。

使用日式裁剪标记：若选中此项，在执行"滤镜"|"创建"|"裁剪标志"命令为图像添加裁剪标志时，可以控制使用 Illustrator 所创建的裁剪标志样式。

变换图案拼贴：若选中此项，在变换填充有图案的图形时，图案也会随图形一起变化。

缩放描边和效果：若选中此项，在缩放图形时，轮廓线将随着图形等比缩放。

1.4.11 基本操作的快捷方式

基本操作及快捷键如表 1-1 所示。

表 1-1　基本操作及快捷键

操作命令	快捷键
新建	Ctrl+N
打开	Ctrl+O
关闭	Ctrl+W　Ctrl+Alt+W
保存	Ctrl+S　　Ctrl+Shift+S　Ctrl+Alt+S Ctrl+Alt +Shift+S
图像缩放	Ctrl++　Ctrl+一 Ctrl+空格+单击　Ctrl+空格+Alt+单击
图像实际大小	Ctrl+1
图像屏幕大小	Ctrl+0
更改屏幕模式	F
隐藏工具箱及调版	Tab
"抓手工具"	在使用其他工具时按空格键可临时切换为"抓手工具"
标尺	Ctrl+R
参考线	Ctrl+；Alt+Ctrl+；Ctrl+5 Alt+Ctrl+5
重做	Ctrl+Z
还原	Shift+Ctrl+Z
定义 AI 属性	Ctrl+K

1.5　路径的绘制、选择和编辑

1.5.1　路径

在 Illustrator 中，使用某个工具绘制时产生的线条称为路径。路径由一个或多个直线段或曲线段组成。线段的起始点和结束点由锚点标记。通过编辑路径的锚点，可以改变路径的形状。

路径分为开放路径、闭合路径、复合路径 3 种类型。

(1) 开放路径：有两个不同的端点(两个端点没有连接在一起)，中间有任意数量的锚点。

(2) 闭合路径：是一条连续的路径，没有端点、起始点和终点。

(3) 复合路径：由两个或多个开放或闭合路径组合而成的路径。

1.5.2　锚点

锚点是构成直线路径和曲线路径的最基本元素。锚点包含一些控制块和控制线，控制块确定在每个锚点上曲线的弯曲度，控制线呈现的角度和长度决定了曲线的形状。锚点分为平滑点和角点两种类型。

(1) 平滑点：曲线路径平滑地通过这些锚点。平滑点可以防止路径突然改变方向。

(2) 角点：路径在角点上明显地改变方向。角点分为直角点、曲角点和组合角点 3 种类型。

直角点：两条直线以某个角度相交所在的锚点，锚点上没有控制线和控制块。

曲角点：由两条曲线段相交并突然改变方向所在的点，每个曲角点有两个独立的控制块。

组合角点：由直线段和曲线段相交的点，组合角点有一个独立的控制块。

1.5.3　钢笔工具

"钢笔工具"在 Illustrator 中是最为常用的绘图工具，使用"钢笔工具"可以绘制直线、曲线以及任意形状的路径。

1. 绘制直线路径

选择"钢笔工具" ，在绘图区单击得到第一个锚点作为路径的起始点，拖动鼠标到目标位置再次单击得到的第二个锚点作为直线段的终点，两个锚点之间自动以直线进行连接，即绘制一条直线段。

2. 绘制曲线路径

选择"钢笔工具"，在绘图区单击并拖曳鼠标来确定曲线的起点，将鼠标移至目标位置单击并拖曳，释放鼠标后系统会自动将起始点与终点进行连接，生成一条曲线。

注意：

按住 Alt 键的同时"钢笔工具"切换为"转换锚点工具"，可以随意拖动控制线两端的控制点，从而改变曲线的弯曲程度。

3. 绘制闭合路径

选择"钢笔工具"，在绘图区单击鼠标确定路径的起始点，当鼠标指针呈 时，单击鼠标绘制多个锚点，最后在绘制的起始点单击即可绘制出一条闭合路径。

1.5.4 铅笔工具

使用"铅笔工具"可以随意地绘制出自由的曲线路径，就像用铅笔在纸上绘图一样。这对于快速素描或创建手绘外观非常有用。在绘制的过程中，Illustrator会自动依据鼠标的轨迹来设定节点而生成路径。

"铅笔工具"既可以绘制闭合路径，也可以绘制开放路径，还可以将已经存在的曲线的节点作为起点，延伸绘制出新的曲线，从而达到修改曲线的目的。

选择"铅笔工具" ，在页面中需要的位置单击并按住鼠标左键不放，拖曳鼠标到需要的位置，可以绘制一条路径。松开鼠标左键，效果如图1-19所示。

选择"铅笔工具"，在页面中需要的位置单击并按住鼠标左键不放，拖曳鼠标绘制一条曲线，如图1-20所示。

按住Alt键，松开鼠标，可以绘制一条闭合的曲线，如图1-21所示。

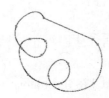

图1-19　绘制路径　　　　图1-20　绘制曲线　　　　图1-21　绘制闭合曲线

绘制一个闭合的图形，并选中该图形，选择"铅笔工具"，在闭合图形上的两个节点之间拖曳鼠标，可以修改图形的形状，如图1-22所示。

松开鼠标左键，得到的图形效果如图1-23所示。

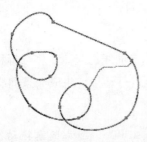
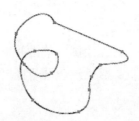

图1-22　修改图形　　　　　　图1-23　修改后的图形效果

双击"铅笔工具"，弹出"铅笔工具首选项"对话框，如图1-24所示。

在"容差"选项组中，"保真度"选项可以调节绘制曲线上点的精确度；"平滑度"选项可以调节绘制曲线的平滑度。在"选项"选项组中，勾选"保持选定"复选框，绘制的曲线处于被选取状态；勾选"编辑所选路径"复选框，"铅笔工具"可以对选中的路径进行编辑。

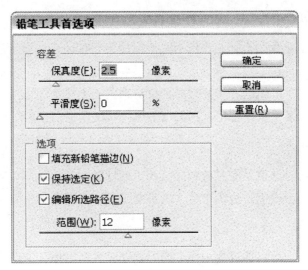

图 1-24　"铅笔工具首选项"对话框

1.5.5　选择路径

Illustrator 工具箱中提供了"选择工具"、"直接选择工具"、"群组选择工具"、"魔棒工具"和"直接套索工具" 5 个工具，供用户在不同的情况下使用。

1. 选择工具

"选择工具"即黑箭头，使用"选择工具"在路径或者图形的任何一处单击鼠标，就会将整个路径或者图形选中。

使用"选择工具"选择路径或者图形有两种方法：一是使用鼠标单击图形，即可将图形选中；二是使用鼠标拖拉出一个矩形框框选部分图形，也可将图形全部选中。

2. 直接选择工具

"直接选择工具"即白箭头，使用"直接选择工具"可以选取成组对象中的一个对象，路径上任何一个单独的锚点或某一路径上的线段。在大部分的情况下，用"直接选择工具"修改对象形状是非常有效的。

使用"直接选择工具"也有两种方法：一是使用鼠标单击锚点或路径，即可选中该锚点或路径；二是使用鼠标拖拉出一个矩形框框选部分图形，即可将框选的图形选中。

"直接选择工具"选中一个锚点后，这个锚点以实心正方形显示，其他锚点以空心正方形显示。如果被选中的锚点是曲线点，曲线点的方向线及相邻锚点的方向线也会显示出来。使用"直接选择工具"拖动方向线及锚点，就可改变曲线形状及锚点位置，也可通过拖动线段来改变曲线形状。

3. 群组选择工具

有时候为了便于制作，会把几个图形成组，如果要移动这一组图形，只需要使用"选择工具"单击，即可将这一组图形都选中。如果要选择其中的一个图形，就需要使用"群组选择工具"。使用"群组选择工具"单击鼠标选中其中一个图形，双击鼠标就可选中一组图形。如果图形属多重成组图形，那么每多单击一次鼠标，就可选择一组图形。

4. 魔棒工具

"魔棒工具"可以选取具有某种相同或相近属性的对象。这些相同或相近属性包括相同或相近的填充色、边线色、边线宽度、透明度或者混合模式。

5. 直接套索工具

"直接套索工具"可以通过自由拖拉的方式选取多个物体、锚点或者路径片段。

1.5.6　编辑路径

1. 添加锚点

为了更好地控制路径的形状、弯曲程度等属性，可对路径的锚点进行添加操作。

选取工具箱中的"添加锚点工具" ，移动鼠标指针到需要添加锚点的位置，单击鼠标左键，可以在目标位置添加一个锚点。

2. 删除锚点

若要将路径上的锚点删除，可进行如下操作：

(1) 选择需要删除锚点的路径。

(2) 选择工具箱中的"删除锚点工具" ，将鼠标指针移动到需要删除锚点的位置，单击即可删除该锚点。

也可以利用"直接选择工具"选中要删除的锚点，按 Delete 键即可。

3. 转换锚点

使用"转换锚点工具"在曲线锚点上单击鼠标可将曲线点变成直线点。

使用"转换锚点工具"在直线点上按住鼠标拖拉，就可将直线点拉出方向线，即将直线点转化为曲线点。

使用"钢笔工具"绘图时，只要按下 Alt 键即可将"钢笔工具"直接切换到"转换锚点工具"。

4. 删除路径

使用"直接选择工具"(即白箭头)选中要删除的路径，按 Delete 键即可。

利用"橡皮擦工具"也可删除路径。在工具箱中选择"橡皮擦工具"，然后沿着要擦除的路径拖动"橡皮擦工具",擦除后自动在路径的末端生成一个新的锚点,并且路径处于被选中状态。"橡皮擦工具"允许删除现有路径的任意一部分,甚至全部,包括开发路径和闭合路径。可以在路径上使用"橡皮擦工具",但不能在文本或渐变网格上使用"橡皮擦工具"。

5. 断开路径

若想将闭合路径断开,可以使用"剪刀工具"将路径剪断。"剪刀工具"可剪断任意路径。使用"剪刀工具"在路径任意处单击,单击处即被断开,形成两个重叠的锚点。使用"直接选择工具"拖动其中一个锚点,可发现路径被断开。

6. 连接路径

连接开放路径的方法有 3 种。

一是利用"铅笔工具"。首先选择两个需要连接的开放路径,使用"铅笔工具"由其中一个开放路径的端点向另外一个开放路径的端点画线,在画线的过程中按住 Ctrl 键,即可将两个开放路径形成一个开放路径。

二是利用"钢笔工具"。在工具箱中选择"钢笔工具",将鼠标移至第一条路径的终点处,单击鼠标,再把鼠标移至第二条路径的端点处,再次单击鼠标,两条分离的路径就被连接在一起。

在使用"钢笔工具"绘图时,如果路径断开,也可使用此方法。在已有路径的终点处单击鼠标,然后再继续绘制,就可绘制连续的路径。

三是执行"对象"|"路径"|"连接"命令。利用"直接选择工具"(即白箭头)选中要连接的两条路径中的两个端点,执行"对象"|"路径"|"连接"命令,系统会自动用直线将两个选中的端点连接起来。

7. 平均锚点

将两个或多个锚点进行平均化处理,可以将这两个或多个锚点移动到某一方向上距离平均的一个位置。

(1) 同时选取两个或多个锚点。

(2) 执行"对象"|"路径"|"平均"命令,或单击鼠标右键,从弹出的快捷菜单中选择"平均"命令。

8. 美工刀工具

使用"美工刀工具"在图形上拖拉,拖拉的轨迹就是美工刀的形状。使用"美工刀工具"裁过的图形都会变为具有闭合路径的图形。如果拖拉的长度大于图形的填充范围,那么得到两个以上的闭合路径。如果拖拉的长度小于图形的填充范围,那么得到的路径是一个闭合路径,与原来的路径相比,这个路径的锚点数有所增加。

9. 轮廓化描边命令

"轮廓化描边"命令可以在已有描边的两侧创建新的路径。不论是开放路径还是闭合路径，使用"轮廓化描边"命令，得到的将是闭合路径。该命令在"对象"|"路径"选项下。

10. 偏移路径命令

"偏移路径"命令可以围绕已有路径的外部或内部勾画一条新的路径，新路径与原路径之间偏移的距离可以按照需要设置。选中要偏移的对象，选择"对象"|"路径"|"偏移路径"命令，在弹出的对话框中进行参数设置。"位移"选项用来设置偏移的距离。设置的数值为正，新路径在原始路径的外部；设置的数值为负，新路径在原始路径的内部。"连接"选项可以设置新路径拐角上不同的连接方式。"斜接限制"选项会影响到连接区域的大小。

1.6 图形绘制、编辑和组织

1.6.1 基本图形绘制工具

1. 直线工具

选取工具箱中的"直线工具" ，在绘图区单击设置线段的起始点，然后将其拖动到目标位置释放鼠标确定线段的终点，即可得到一条直线。

绘制过程中，按住 Shift 键，可约束直线以 45°的倍数方向绘制。

绘制过程中，按住 Alt 键，直线将以单击点为中心向两边绘制。

绘制过程中，按住 Shift+Alt 组合键，直线将以单击点为中心向两边绘制，并以 45°角的倍数方向绘制。

绘制过程中，按空格键，可冻结正在绘制的直线。

绘制过程中，按住~键，可随着鼠标绘制多条直线。

若要精确地绘制线段，在启用"直线工具"命令时，可在绘图区单击鼠标，弹出"直线段工具选项"对话框，对直线段的长度、倾斜角度进行设置。如果需要以当前颜色对线段进行填充，如图 1-25 所示。

图 1-19 "直线段工具选项"对话框

2. 弧线工具

选择"弧线工具" 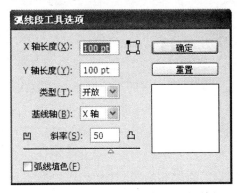，将鼠标移动到绘图区，单击鼠标确定弧线的起始点，拖动鼠标到弧线的终点，即可创建一条弧线。

绘制过程中，按住 Shift 键，可绘制弧形。

绘制过程中，按下 Alt 键，弧线将以单击点为中心向两边绘制。

绘制过程中，按 X 键，可以使弧线在凹面和凸面之间切换。

绘制过程中，按 C 键，可以使弧线在开放弧和闭合弧之间切换。

绘制过程中，按 F 键，可以翻转弧线，并且弧线的起点保持不变。

绘制过程中，按住上下方向键，可增大或减小弧线的弧度。

绘制过程中，按住~键，可随着鼠标绘制多条弧线。

绘制弧线过程中，按下空格键，可冻结正在绘制的弧线。

要想精确绘制弧线，可在选取"弧线工具"的情况下，在绘图区中单击鼠标，在打开的"弧线段工具选项"对话框中设置弧线的主要参数，如图 1-26 所示。

图 1-20　"弧线段工具选项"对话框

X 轴长度：用于设定弧线的水平方向的宽度。

Y 轴长度：用于设定弧线的垂直方向的高度。

类型：用于设定所绘制弧线的类型为"开放路径"或"封闭路径"。

基线轴：用于设定弧线的坐标方向，分为 X 轴和 Y 轴。

斜率：用于设定弧线的斜率的方向。

3. 螺旋线工具

选择"螺旋线工具" ，在页面中需要的位置单击鼠标并按住鼠标左键不放，拖曳鼠标到需要的位置和大小，释放鼠标，绘制螺旋线。

选择"螺旋线工具" ，按住 Shift 键，在页面中需要的位置单击鼠标并按住鼠标左键不放，拖曳鼠标到需要的位置，释放鼠标，绘制螺旋线。绘制的螺旋线转动的角度是强制角度(默认是 45°)的整数倍。

按住 Ctrl 键，可以调整螺旋线的密度。

按住上、下方向键，可增大或减少螺旋圈数。

在绘制矩形过程中，按空格键，可冻结正在绘制的螺旋线。

在绘制过程中，按住~键，可随着鼠标绘制多条螺旋线。

如果要精确绘制螺旋线，选择"螺旋线工具"，单击希望螺旋线开始的地方。在对话框中设置下列任一选项，然后单击"确定"按钮。

半径：指定从中心到螺旋线最外点的距离。

衰减：指定螺旋线的每一螺旋相对于上一螺旋应减少的量。

线段：指定螺旋线具有的线段数。螺旋线的每一完整螺旋由4条线段组成。

样式：指定螺旋线方向。

4．矩形网格工具

选择"矩形网格工具"，在页面中需要的位置单击并按住鼠标左键不放，拖曳鼠标到需要的位置，释放鼠标左键，绘制一个矩形网格。

在绘制过程中，按住上、下方向键，可增大或减少图形中水平方向上的网格线数。

在绘制过程中，按住左、右方向键，可增大或减少垂直方向上的网格线数

在绘制过程中，按F键，矩形网格中的水平网格间距将由下到上以10%的比例递增。

在绘制过程中，按V键，矩形网格中的水平网格间距将由下到上以10%的比例递减。

在绘制过程中，按X键，矩形网格中的垂直网格间距将由左到右以10%的比例递增。

在绘制过程中，按C键，矩形网格中的垂直网格间距将由左到右以10%的比例递减。

如果要精确绘制矩形网格，选择"矩形网格工具"，单击以设置网格的参考点，在弹出的对话框中设置下列任一选项，然后单击"确定"按钮。

默认大小：指定整个网格的宽度和高度。

水平分隔线：指定希望在网格顶部和底部之间出现的水平分隔线数量。倾斜值决定水平分隔线倾向网格顶部或底部的程度。

垂直分隔线：指定希望在网格左侧和右侧之间出现的分隔线数量。倾斜值决定垂直分隔线倾向于左侧或右侧的方式。

使用外部矩形作为框架：以单独矩形对象替换顶部、底部、左侧和右侧线段。

填色网格：以当前填充颜色填色网格(否则，填色设置为无)。

5．极坐标网格工具

选择"极坐标网格工具"，在页面中需要的位置单击并按住鼠标左键不放，拖曳鼠标到需要的位置，释放鼠标左键，绘制一个极坐标网格。

在绘制过程中，按住上、下方向键，可增加或减少图形中同心圆的数量。

在绘制过程中，按住左、右方向键，可增大或减少图形中射线的数量。

在绘制过程中，按F键，以10%的对数值向左增加图形中射线的数量。

在绘制过程中，按V键，以10%的对数值向右增加图形中射线的数量。

在绘制过程中，按X键，以10%的对数值向图形中增加同心圆的数量。

在绘制过程中，按 C 键，以 10%的对数值向图形中减少同心圆的数量。

如果要精确绘制极坐标网格，选择"矩形网格工具" ⊞，在页面中需要的位置单击，在弹出的对话框中设置下列任一选项，然后单击"确定"按钮。

默认大小：指定整个网格的宽度和高度。

同心圆分隔线：指定希望出现在网格中的圆形同心圆分隔线数量。倾斜值决定同心圆分隔线倾向于网格内侧或外侧的方式。

径向分隔线：指定希望在网格中心和外围之间出现的径向分隔线数量。倾斜值决定径向分隔线倾向于网格逆时针或顺时针的方式。

从椭圆形创建复合路径：将同心圆转换为独立复合路径并每隔一个圆填色。

填色网格：以当前填充颜色填色网格(否则，填色设置为无)。

6. 矩形工具

选取工具箱中的"矩形工具" ▭或按 M 键，在绘图区单击并拖动鼠标到合适位置，释放鼠标后，即可绘制一个矩形，如图 1-27 所示。

图 1-27　绘制矩形

在绘制过程中，按住 Shift 键的同时单击并拖动鼠标到合适位置，释放鼠标后，即可绘制一个正方形。

在绘制过程中，按住 Alt 键，以起始点为中心绘制矩形。

在绘制过程中，按住 Alt+Shift 键，以起始点为中心绘制正方形。

在绘制过程中，按住~键，按下鼠标并向不同方向拖动，可绘制多个不同大小的矩形。

在绘制矩形过程中，按空格键，可冻结正在绘制的矩形。

如果要绘制精确的矩形，可在选中"矩形工具"的状态下，在绘图区单击鼠标打开"矩形"对话框，可以设置矩形的宽度和高度，如图 1-28 所示。

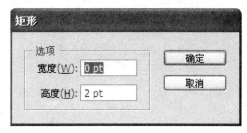

图 1-28　"矩形"对话框

7. 圆角矩形工具

选取工具箱中的"圆角矩形工具"，在绘图区单击并拖动鼠标到合适位置，释放鼠标后，即可绘制一个圆角矩形。

在绘制过程中，按住 Shift 键的同时单击并拖动鼠标到合适位置，释放鼠标后，即可绘制一个正圆角矩形。

在绘制过程中，按住 Alt 键，则以起始点为中心绘制圆角矩形。

在绘制过程中，按住 Alt+Shift 键，以起始点为中心绘制圆角矩形。

在绘制过程中，按住~键，按下鼠标并向不同方向拖动，可绘制多个不同大小的圆角矩形。

在绘制过程中，按空格键，可冻结正在绘制的圆角矩形。

在绘制过程中，按住上、下方向键可改变圆角的大小，按住左、右方向键，可直接变为矩形或默认圆角值。

如果要精确地绘制圆角矩形，可在选中"圆角矩形工具"的状态下，在绘图区单击鼠标，打开"圆角矩形"对话框，可以设置圆角矩形的高度、宽度和圆角半径，如图 1-29 所示。

图 1-29　"圆角矩形"对话框

8. 椭圆工具

选取工具箱中的"椭圆工具"或按 L 键，在绘图区单击并拖动鼠标到合适位置，释放鼠标，即可绘制一个椭圆。

在绘制过程中，按住 Shift 键的同时单击并拖动鼠标到合适位置，释放鼠标后，即可绘制一个圆形。

在绘制过程中，按住 Alt 键，则以起始点为中心绘制椭圆。

在绘制过程中，按住 Alt+Shift 键，以起始点为中心绘制圆形。

在绘制过程中，按住~键，按下鼠标并向不同方向拖动，可绘制多个不同大小的椭圆。

在绘制过程中，按空格键，可冻结正在绘制的椭圆。

9. 多边形工具

选取工具箱中的"多边形工具"，在绘图区单击并拖动鼠标，释放鼠标后，即可绘制一个多边形。

在绘制多边形时，按住上、下方向键可以改变多边形的边数。

在绘制过程中，按住 Shift 键的同时单击并拖动鼠标到合适位置，释放鼠标后，即可绘制一个正多边形。

在绘制过程中，按住 Alt 键，则以起始点为中心绘制多边形。

在绘制过程中，按住 Alt+Shift 键，以起始点为中心绘制多边形。

在绘制过程中，按住~键，按下鼠标并向不同方向拖动，可绘制多个不同大小的多边形。

在绘制过程中，按空格键，可冻结正在绘制的多边形。

如果要精确地绘制多边形，在选中"多边形工具"的状态下，在绘图区单击，打开"多边形"对话框，可设置多边形的半径和边数，如图 1-30 所示。

图 1-30 "多边形"对话框

10. 星形工具

选取工具箱中的"星形工具" ☆ 可以绘制星形，在绘图区单击并拖动鼠标，释放鼠标后，即可绘制一个星形。

在绘制过程中，按住上、下方向键可以改变星形的边数。

在绘制过程中，按住 Shift 键的同时单击并拖动鼠标到合适位置，释放鼠标后，即可绘制一个正星形。

在绘制过程中，按住 Alt 键，则以起始点为中心绘制星形，并且星形每个角的"肩线"都在同一条线上。

在绘制过程中，按住 Alt+Shift 键，以起始点为中心绘制星形。

在绘制过程中，按住~键，按下鼠标并向不同方向拖动，可绘制多个不同大小的星形。

在绘制过程中，按空格键，可冻结正在绘制的星形。

如果要精确地绘制星形，在选中"星形工具"的状态下，在绘图区单击，打开"星形"对话框，可设置星形的半径 1、半径 2 和角点数，如图 1-31 所示。

图 1-31 "星形"对话框

11. 光晕工具

"光晕工具"可以绘制包括一个明亮的发光点，以及光晕、光线和光环等的图形，呈现镜头光晕的效果。 选取工具箱中的"光晕工具" 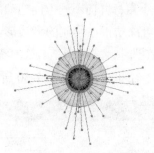，在绘图区单击并拖动鼠标，释放鼠标后，即可绘制一个光晕，如图1-32所示。

图1-32　绘制光晕

在绘制过程中，按住 Shift 键，中心控制点、光线和光晕将随着鼠标的拖动按比例缩放。

在绘制过程中，按住上、下方向键，图形中的光线数量将随着鼠标的拖动而逐渐增加或减少。

在绘制过程中，按住 Ctrl 键时，中心控制点的大小将保持不变，而光线和光晕将随着鼠标的拖动按比例缩放。

如果要精确地绘制，在选中"光晕工具"的状态下，在绘图区单击，打开"光晕工具选项"对话框，通过设置对话框中的参数来创建自定义光晕的效果，如图1-33所示。

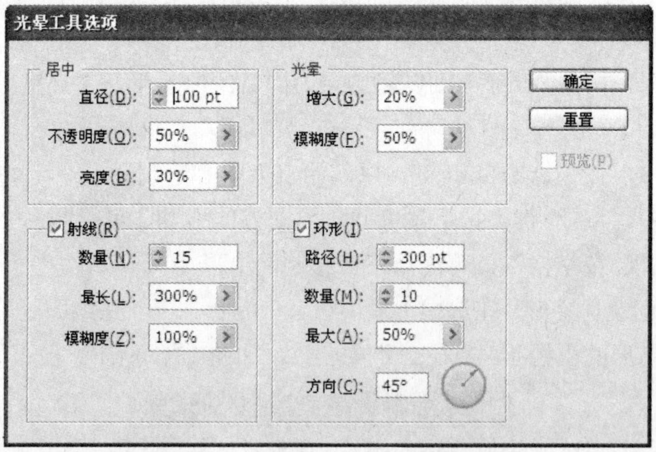

图1-33　"光晕工具选项"对话框

居中选项组：可设置中心控制点的直径、不透明度比例以及亮度比例。

光晕选项组：可以设置光晕向外淡化和模糊度的百分比。

环形选项组：可以设置光环的大小比例、光环在图形中的数量、光环在图形中的旋转角度。

1.6.2　缩放对象

缩放是指对图形对象相对于指定原点在水平方向上或垂直方向上扩大或缩小的操作。默认情况下缩放的原点是对象的中心点。

1. 使用"选择工具"缩放对象

选择工具箱中的"选择工具"，在绘图区中选择图形后，图形四周将出现一个变换控制框，通过拖曳对所选图形进行缩放操作。

2. 使用"比例缩放工具"缩放对象

选择工具箱中的"比例缩放工具" ，在绘图区选择需要缩放的图形，拖曳图形四周的变换控制框，即可对所选图形进行缩放操作。

运用"比例缩放工具"可以对所选图形按等比或非等比的方式进行缩放操作，若同时按住 Shift 键，则按等比例的方式缩放图形对象。

3. 使用"比例缩放"对话框缩放对象

执行"对象"|"变换"|"缩放"命令，打开"比例缩放"对话框，如图 1-34 所示。

图 1-34　"比例缩放"对话框

等比： 选中该项，在"比例缩放"文本框中输入数值，可使图形对象按照缩放参数进行等比例缩放。

不等比： 选中该项，可以使对象不成比例缩放。"水平"选项用于设置对象在水平方向上的缩放百分比，"垂直"选项用于设置对象在垂直方向上的缩放百分比。

1.6.3　镜像对象

镜像可以使所选图形对象沿着一条不可见的轴线进行翻转。

29

1. 使用"镜像工具"镜像对象

先使用"选择工具"选取图形对象，然后在工具箱中选择"镜像工具" 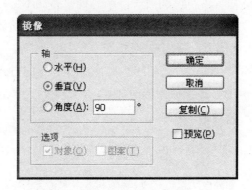，用鼠标拖动图形对象进行镜像操作。

2. 使用菜单命令镜像对象

在选中图形对象的状态下，执行"对象"|"变换"|"对称"命令，打开"镜像"对话框，如图 1-35 所示。

在"轴"选项中，"水平"选项可以沿水平方向镜像对象；"垂直"选项可以沿垂直方向镜像对象；"角度"选项可以设定镜像的角度值。

图 1-35　"镜像"对话框

1.6.4　旋转对象

1. 使用"旋转工具"旋转对象

先使用"旋转工具" 选取图形对象，然后在工具箱中选择"旋转工具"，用鼠标拖动图形对象进行旋转。

若要对图形对象进行精确旋转，选中对象后，双击工具箱中的"旋转工具"，打开"旋转"对话框。在"角度"文本框中输入旋转的角度，如图 1-36 所示。

图 1-36　"旋转"对话框

2. 使用菜单命令旋转对象

在选中图形对象的状态下，执行"对象"|"变换"|"旋转"命令，打开"旋转"对话框，对旋转角度进行精确设置。

1.6.5　移动对象

1. 使用"移动工具"移动对象

先使用"选择工具"选取图形对象，然后在图形对象上单击并按住鼠标左键，拖曳鼠标到合适位置完成移动操作。也可以利用方向键微调对象的位置。

2. 使用菜单命令移动对象

在选中图形对象的状态下，执行"对象"|"变换"|"移动"命令或按 Shift +Ctrl + M 组合键，打开"移动"对话框，如图 1-37 所示。

图 1-37　"移动"对话框

"水平"选项和"垂直"选项可以设置图形对象在水平方向和垂直方向上移动的距离；"角度"选项可以设置图形对象移动或旋转的角度。

1.6.6　对齐和分布

执行"窗口"|"对齐"命令，弹出"对齐"面板，其中"对齐对象"选项组包括 6 种对齐命令按钮，即水平左对齐按钮、水平居中对齐按钮、水平右对齐按钮、垂直顶对齐按钮、垂直居中对齐按钮、垂直底对齐按钮，如图 1-38 所示。

图 1-38　"对齐"面板

1. 水平左对齐

单击"水平左对齐"按钮，所选取的图形对象会以最左边对象的边线为基准向左集中，最左边对象的位置保持不变。

2. 水平居中对齐

单击"水平居中对齐"按钮，以所选取对象的中点为基准对齐，对象在垂直方向上保持不变。

3. 水平右对齐

单击"水平右对齐"按钮，所选取的图形对象会以最右边对象的边线为基准向右集中，最右边对象的位置保持不变。

4. 垂直顶对齐

单击"垂直顶对齐"按钮，所选取的图形对象会以最上面对象的上边线为基准对齐，最上面对象的位置保持不变。

5. 垂直居中对齐

单击"垂直居中对齐"按钮，所选取的图形对象会以中间对象的中点为基准进行对齐，中间对象的位置保持不变。

6. 垂直底对齐

单击"垂直底对齐"按钮，所选取的图形对象会以最下面对象的边线为基准向下集中，最下面对象的位置保持不变。

1.7　颜色填充与描边

1.7.1　颜色填充

1. 填充工具

使用工具箱中的"填色工具"和"描边工具"，可以指定所选对象的填充颜色和描边颜色。当按 X 键时，可以切换填色框和描边框的位置。当按 Shift+X 组合键时，则填充颜色和描边颜色互换。

在"填色工具"和"描边工具"下面有 3 个按钮，分别是"填充颜色"按钮、"渐变填充"按钮和"无填充"按钮。

注意：渐变填充不能用于图形的描边。

2. "颜色"面板

执行"窗口" | "颜色"命令，弹出"颜色"面板，如图 1-39 所示。

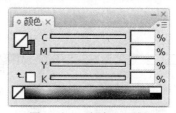

图 1-39   "颜色"面板

单击"颜色"面板右上方的图标，在弹出的下拉菜单中选择当前取色时使用的颜色模式。

将光标移动到取色区域，光标变为吸管状，单击就可以选取颜色。拖曳各个颜色滑块或在各个文本框中输入有效的数值，可以调配更精确的颜色。

更改或设定对象的描边颜色的操作为，单击已有的对象，在"颜色"面板中切换到描边颜色，选取或调配新颜色，即可将新颜色应用到当前选定对象的描边中。

3. "色板"面板

执行"窗口" | "色板"命令，弹出"色板"面板，如图 1-40 所示。

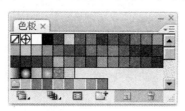

图 1-40   "色板"面板

在"色板"面板中单击需要的颜色或样本，可以将其选中，并添加到对象的填充或描边中去。

注意：新建文件时，在默认设置下，图像的填充颜色为白色，描边颜色为黑色。选择需要设置颜色的图形，在工具栏中直接单击"填充"或"描边"图标右侧的按钮，即可弹出"色板"面板。选择需要设置颜色的图形，在工具栏中按住"Shift"键的同时，单击"填充"或"描边"图标右侧的按钮，即可弹出"颜色"面板，如图 1-41 所示。

图 1-41   "填充"和"描边"按钮

1.7.2 渐变

渐变就是在不同颜色间过渡。渐变分为径向渐变和线性渐变，径向渐变是从一个对象的中心位置径向向外变化颜色,而线性渐变是以一个方向向另一个方向进行线性变化颜色。

执行"窗口"|"渐变"命令,弹出"渐变"面板,如图1-42所示。

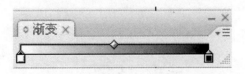

图1-42　"渐变"面板

先选择对象,然后在工具箱中单击"渐变"按钮,在图形对象上拖动,就可在对象上根据自己的需要应用渐变效果。

在"渐变"面板中可以调整渐变。单击"渐变"面板右上角的图标，在快捷菜单中选择"显示选项"，"渐变"面板被扩展，如图1-43所示。

图1-43　扩展的"渐变"面板

在"类型"下拉列表中可以选择"径向"或"线性"渐变方式。

在"角度"文本框中显示当前的渐变角度，重新输入数值之后，按 Enter 键，可以改变渐变的角度。

"渐变"面板的下方为渐变色谱，渐变色谱下面的图形称为滑块用于控制渐变颜色，上面的菱形用于控制渐变位置。

单击"渐变"面板中的颜色滑块，在"位置"文本框中显示该滑块在渐变颜色中的位置的百分比。

在渐变色谱底部单击，可以添加颜色滑块。

在"颜色"面板调配颜色，可以改变颜色滑块的颜色。在"色板"面板中按住 Alt 键的同时，单击需要的颜色，也可以改变颜色滑块的颜色。

1.7.3　图案填充

执行"窗口"|"色板"命令，打开"色板"面板，系统自带一些图案，用户可对这些现有图案进行编辑，也可以创建自定义的图案。执行"窗口"|"色板库"命令，打开"色板库"子菜单，在其中可以选择 Illustrator 自带的实例图案。

单击工具箱中的"选择工具"，选择图案，单击鼠标右键弹出快捷菜单，在其中的"变换"子菜单中可以选择各种变换的命令。值得注意的是，如果用户只是变换图案，而不变换对象的图形，则要在弹出的对话框中取消对"对象"复选框的勾选，并勾选"图案"复选框。

1.7.4　混合工具

在 Illustrator CS3 中，可以混合两个路径，创建一系列新路径，该路径系列将第一个路径转换到第二个路径，并在路径移动时更改填充和描边属性。

"混合工具"与"渐变工具"的不同之处在于，混合不仅在颜色上有平滑过渡，在形状、大小上也同时进行了过渡，而渐变只是两种以上颜色之间的平滑过渡。

双击"混合工具" ，在打开的"混合选项"对话框中单击"间距"下拉按钮，弹出的下拉列表中包括"平滑颜色"、"指定的步数"以及"指定的距离"选项，如图 1-44 所示。

图 1-44　"混合选项"对话框

平滑颜色：在混合时自动计算两个关键对象间理想的步长数目，从而获得一种最为平滑的颜色过渡效果。

指定的步数：在两个关键对象间指定步长的数目。

指定的距离：为混合的两个对象间设置指定的距离。

对齐页面：防止对象沿着弯曲的路径分布时发生旋转。

对齐路径：允许对象沿着路径发生旋转。

1.7.5　渐变网格填充

选取工具箱中的"网格工具" ，移动鼠标至需要进行网格填充的图形，单击鼠标左键，即可在该对象上创建一个网格点。如果需要添加其他的网格点，可直接运用"网格工具"在需要添加网格的位置单击鼠标左键即可，然后再设置所需要的网格颜色。

1.8　文本编辑

1.8.1　了解文字

每种字体都具有不同的格式，字体大致可以分为位图字体、PostScript 字体、TrueType 字体、Open Type 字体等类型。Illustrator 默认的工具是标准的文字工具，如图 1-45 所示。

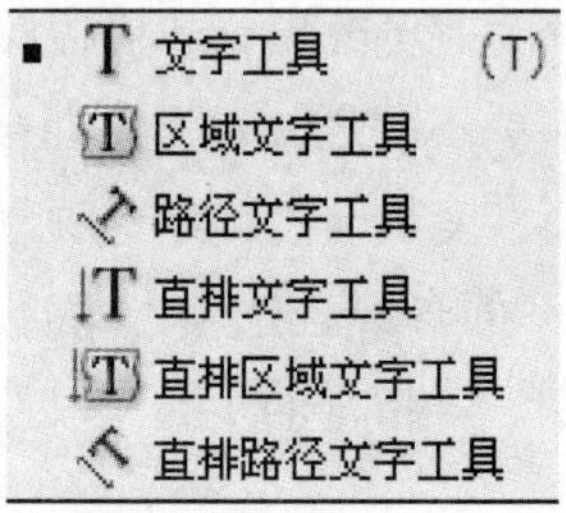

图 1-45　标准的文字工具

文字工具 T：在对象中输入文字(快捷键为 T)。

区域文字工具 T：在对象选择区域内输入文字(快捷键为 Alt+单击文字工具)。

路径文字工具 ：沿选择的路径输入文字(快捷键为 Alt+单击文字工具)。

直排文字工具 T：沿直排方向输入文字(快捷键为 Alt+单击文字工具)。

直排区域文字工具 T：在对象选择区域内直排输入文字(快捷键为 Alt+单击文字工具)。

直排路径文字工具 ：沿选择的路径直排输入文字(快捷键为 Alt+单击文字工具)。

1.8.2　置入和输入、输出文字

1. 置入文字

执行"文件"|"置入"命令置入 Microsoft Word(*.doc)文件、RTF 文件或纯文字文件。

2. 输入文字

选择"文字工具"，在绘图区单击会出现输入光标，输入文字，完成后单击"选择工具"，结束文字的输入。

3. 设置"字符"面板

选择"文字工具"或文字处于被选择状态时，选项栏中出现"字符"字样，单击"字符"弹出面板，或执行"窗口"|"文字"|"字符"命令，弹出"字符"面板，如图 1-46 所示。

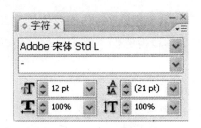

图 1-46 "字符"面板

(1) 设置字体系列：在下拉列表中选择文字的字体。

(2) 设置字体样式：定义字体为"标准"、"斜体"等样式。

(3) 设置字体大小：定义字体大小的值，默认单位是 pt。

(4) 设置行距：定义行与行之间文字的间距。

(5) 水平缩放：定义文字的水平缩放百分比。

(6) 垂直缩放：定义文字的垂直缩放百分比。

4. 导出文字

使用"选择工具"单击空白处，取消对文字的选择，执行"文件"|"导出"命令，弹出"导出"对话框。在"保持在"下拉列表中指定文件导出的路径，在"保存类型"下拉列表中选择所需文件类型，完成后单击"保存"按钮。

5. 使用"文字"菜单设置文本格式

"文字"菜单包含了所有 Illustrator 的文字控制功能，如文字的字体、大小、方向等相关设置和功能。

字体：指定当前文字的字体。

最近使用的字体：显示最近使用的字体列表。

大小：指定文字的大小。

字形：输入特殊字形的文字。

区域文字选项：调整文字的行距等。

路径文字：在路径上输入文字后，调整文字的样式。

串接文本：在最上层的对象中插入文字。

复合字体：设置特殊文字。

避头尾法则设置：设置日语的有关选项。

标点挤压设置：指定特殊文字的选项。

从文本选区创建字形模板：将当前选择的文字创建为特殊的轮廓。

字形模板：将文字定义为模板。

适合标题：对齐文字的标题。

创建轮廓：将文字创建为轮廓对象。

查找字体：查找特定的字体，将其更改为其他字体。"查找字体"对话框用于在文档中查找某些字体，并用指定的字体替换它们。单击"存储列表"按钮将字体类别保存为文本文件。

更改大小写：更改字母的大小写形式。

智能标点：将特殊文字更改为可输出形式。"智能标点"对话框用于对已经保存在Illustrator文档中的文本进行更改。在文档中查找某些字符，并用指定的字符进行替换。

视觉边距对齐方式：设置文字的边距。

显示隐藏字符：可以查看文字的标签等隐藏字符。

文字方向：指定文字的水平和垂直方向。

旧版文本：更改文字相关设置。

1.8.3　编辑文本

1. 选择文本

若要对文本进行编辑，必须先将其选中，然后才能进行相应的编辑操作。选择文本的方法有两种：一种是选择整个文本块，另一种是选择文本块中输入的某一部分文字。

(1) 使用"选择工具"选取文字：

单击"选择工具"，在上排文字处单击，选择文字，然后在"字符"面板中设置字体大小。

(2) 使用"文字工具"选取文字：使用"选择工具"，双击选定的文本框，进入文字编辑状态，自动切换到"文字工具"。

使用"文字工具"在某一对象上拖动，选择该对象，然后在"字符"面板中设置"字体大小"为某一数值。

(3) 在"图层"面板中选取文字：在"图层"面板中选择对象文字所在的图层。在"字符"面板中设置"字体大小"为某一数值，更改文本框中所有字符的字体大小。

2. 对齐段落

(1) "段落"面板：在"段落"面板中可以设置不同的段落对齐方式，包括"左对齐"、"居中对齐"、"右对齐"、"两端对齐"、"末行左对齐"、"末行右对齐"、"末行居中对齐"等。

(2) "段落样式"面板：可以在"段落样式"面板中预先设置用户经常使用的段落样式，并在以后的操作当中方便地应用这些样式。

1.9　习题

利用所学知识绘制下列标志，如图1-47所示。

(a)

(b)

(c)

(d)

图 1-47　绘制标志

第2章

Illustrator
职业技能

2.1 绘图

2.1.1 关于绘图

图案是生活中最常见的一种艺术表现形式。绘图是 Illustrator 最主要更是最强大的功能。Illustrator 做到了将图案设计与强大的计算机软件相结合，使任何人都可以实现设计绘画的理想。利用 Illustrator 的钢笔工具、各种形状工具以及各种图形编辑工具可以轻松实现图形的绘制。

2.1.2 案例一：绘制卡通屋

【效果图】

案例一效果图如图 2-1 所示。

图 2-1　案例一效果图

【知识要点】使用"钢笔工具"、"矩形工具"绘制图形，使用"排列"命令调整图形的排列顺序。

【操作步骤】

(1) 执行"文件"|"新建"命令新建文档，宽度为 297mm，高度为 210mm，单击"确定"按钮。

(2) 选择"钢笔工具"，按住 Shift 键的同时，按住并拖动鼠标在页面中绘制一条直线，如图 2-2 所示。使用相同的方法绘制如图 2-3 所示的图形。利用"选择工具"选取图形，对图形对象设置填充颜色(C:67、M:19、Y:16、K:0)，效果如图 2-4 所示。

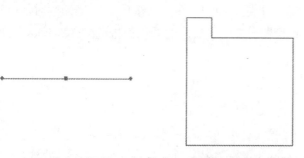

图 2-2　绘制直线　　　　　　图 2-3　绘制图形　　　　　　图 2-4　填充颜色

(3) 选择"钢笔工具" ，在页面绘制一个卡通屋，将卡通屋填充为白色，并将卡通屋拖曳到合适位置，如图 2-5 所示。

(4) 选取"选择工具" ，选取卡通屋图形，按住 Alt 键的同时，用鼠标拖曳图形，复制卡通屋。对复制的卡通屋进行等比例缩小，设置填充颜色为浅绿色(C:55、M:10、Y:90、K:0)，效果如图 2-6 所示。

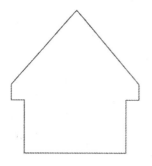

图 2-5　绘制卡通屋　　　　　　　　　图 2-6　填充卡通屋

(5) 选择"矩形工具" ，在卡通屋上绘制一个矩形，填充为白色，如图 2-7 所示。

(6) 选取矩形，对矩形执行复制操作，按 Ctrl+F 组合键对所复制的矩形进行原位置粘贴，并对其进行等比例缩小。选择"择工具" ，在按住 Shift 键的同时选取两个矩形，执行"对象"|"复合路径"|"建立"命令，两个矩形重叠区域镂空，如图 2-8 所示。

图 2-7　绘制矩形　　　　　　　　　图 2-8　重叠矩形

(7) 选择"选择工具"，选取卡通屋和窗户图形，按住 Alt 键的同时，用鼠标拖曳复制图形，并执行缩小操作，重新设置所复制卡通屋的颜色为橙色(C:3、M:60、Y:75、K:0)，如图 2-9 所示。

图 2-9　填充图形

(8) 选择"钢笔工具"，在绘图区绘制云彩图形，如图 2-10 所示。为云彩填充颜色(C:40、M:0、Y:6、K:0)，效果如图 2-11 所示。

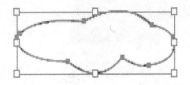 

图 2-10　绘制云彩图形　　　　　　　　　　　图 2-11　填充云彩

(9) 执行"对象"|"排列"|"置于底层"命令，将云彩置于所有图形的后面。

(10) 选择"选择工具"，选取云彩图形，按住 Alt 键的同时进行拖曳复制，并缩小复制的云彩图形，将其拖放到合适位置，如图 2-12 所示。

图 2-12　复制图形

至此，卡通屋绘制完成。

2.1.3　案例二：绘制花朵

【效果图】

案例二效果图如图 2-13 所示。

图 2-13　案例二效果图

【知识要点】使用"路径工具"、"椭圆工具"、"弧形工具"绘制图形，使用"渐变工具"填充图形。

【操作步骤】

(1) 执行"文件"｜"新建"命令新建文档，宽度为 210mm，高度为 297mm，单击"确定"按钮。

(2) 选择"钢笔工具" ✎.，绘制一个三角形，在"渐变"面板中设置渐变颜色，如图 2-14 所示。

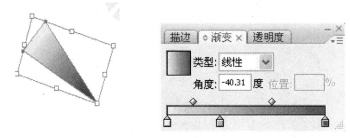

图 2-14　绘制三角形

(3) 将三角形复制并粘贴多份，同时，变换方向并放置在合适位置形成花朵的形状，如图 2-15 所示。

(4) 选择"选择工具" ▶，选择一圈花朵并进行复制粘贴操作，对所复制的花朵执行缩小操作，如图 2-16 所示。

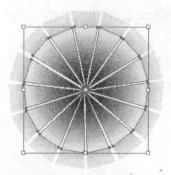

图 2-15　绘制花朵　　　　　　　图 2-16　缩小花朵

(5) 使用"钢笔工具" 绘制花蕊外围，填充为白色，如图 2-17 所示。

(6) 利用"椭圆工具" 绘制花蕊，并填充颜色，如图 2-18 所示。

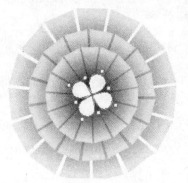
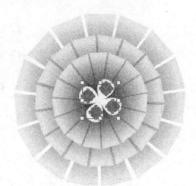

图 2-17　绘制花蕊外围　　　　　　图 2-18　绘制花蕊

(7) 利用"钢笔工具" 绘制叶子，在"渐变"面板中设置渐变颜色，如图 2-19 所示。

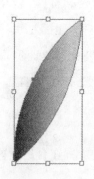

图 2-19　绘制叶子

(8) 选择"选择工具" ，选择叶子，进行复制粘贴操作，对所复制的叶子执行缩小操作，如图 2-20 所示。

(9) 选择"弧形工具" 绘制花茎，如图 2-21 所示。

图 2-20 缩小叶子　　　　　　图 2-21 绘制花茎

(10) 选择花朵，执行复制粘贴操作，并执行缩小命令，将复制的花朵放置在适当位置，如图 2-22 所示。

图 2-22 复制花朵

至此，花朵绘制完成。

2.1.4 案例三：绘制路标

【效果图】

案例三效果图如图 2-23 所示。

图 2-23 案例三效果图

【知识要点】"多边形工具"、"渐变工具"、"文字工具"的使用，建立不透明蒙版。

【操作步骤】

(1) 执行"文件"|"新建"命令新建文档，宽度为 210mm，高度为 297mm，颜色模式为 CMYK，单击"确定"按钮。

(2) 选择"多边形工具" ，在绘图区按住并拖动鼠标到合适位置，单击鼠标，弹出"多边形"对话框，对多边形的半径和边数进行设置，单击"确定"按钮得到一个多边形，如图 2-24 所示。

(3) 双击"渐变工具" ，弹出"渐变"面板，设置多边形的渐变颜色，如图 2-25 所示。

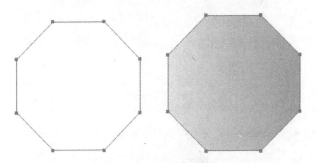
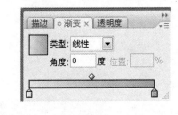

图 2-24 绘制多边形   图 2-25 设置多边形的渐变颜色

(4) 选择"多边形工具" ，绘制一个多边形，对多边形的半径和边数进行设置，单击"确定"按钮。对多边形进行渐变填充，如图 2-26 所示。

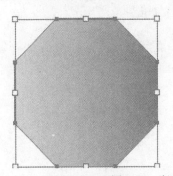
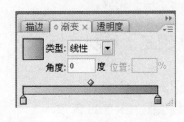

图 2-26 渐变填充多边形

(5) 选择"渐变工具" ，用鼠标从图形的左上方向右下方进行拖曳，改变渐变色的方向，如图 2-27 所示。拖曳图形到灰色多边形的中间位置，如图 2-28 所示。

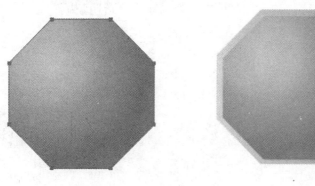

图 2-27　改变渐变色的方向　　　　　　图 2-28　调整图形

(6) 选择"矩形工具" ，在多边形下方绘制一个矩形，设置其填充颜色为灰色，效果如图 2-29 所示。同理，再绘制一个同样大小的矩形，设置填充颜色为浅灰色，效果如图 2-30 所示。

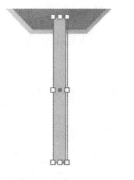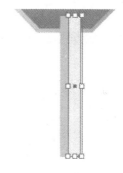

图 2-29　编组矩形　　　　　　　　　图 2-30　调整图形

(7) 选择"选择工具" ，按住 Shift 键，同时选取两个矩形，执行"对象"|"编组"命令，将其进行编组，效果如图 2-31 所示。执行"对象"|"排列"|"置于底层"命令，将编组图形置于所有图形的下面，效果如图 2-32 所示。

图 2-31　编组矩形　　　　　　　　　图 2-32　调整图形

(8) 选择"椭圆工具" 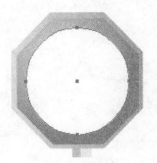，按住 Shift 键的同时，在图形上绘制一个圆形，并填充为白色，如图 2-33 所示。执行"窗口"|"透明度"命令，弹出"透明度"面板，单击控制面板右上方的图标 ，在弹出的下拉菜单中选择"建立不透明蒙版"命令，效果如图 2-34 所示。单击"编辑不透明蒙版"图标，如图 2-35 所示。

图 2-33　绘制圆形　　　　　图 2-34　设置图形　　　　　图 2-35　"透明度"面板

(9) 选择"椭圆工具" ，按住 Shift 键的同时，在圆形上再绘制一个圆形，双击"渐变工具" ，弹出"渐变"面板，将渐变色设为从黑色到白色，渐变类型为线性，角度为130 度，将渐变滑块的位置分别设置为 3、100，建立半透明状态，如图 2-36 所示。选择"渐变工具" ，用鼠标从图形的右下方向左上方拖曳，效果如图 2-37 所示。

图 2-36　"渐变"面板　　　　　　　　　图 2-37　图形效果 1

(10) 在"透明度"面板中单击"停止编辑不透明蒙版"图标，图形效果如图 2-38 所示。

(11) 选择"文字工具" 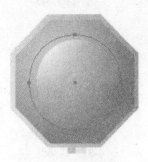，在圆形上方输入文字"西"，选择"选择工具" ，在属性栏中设置合适的字体和文字大小，填充文字为白色，效果如图 2-39 所示。

图 2-38　图形效果 2　　　　　　　　　图 2-39　填充文字

50

(12) 选择"圆角矩形"工具 ，弹出"圆角矩形"对话框，在绘图区绘制一个圆角矩形并进行设置，如图 2-40 所示。单击"确定"按钮得到一个圆角矩形，将其拖曳到多边形的下方，如图 2-41 所示。

图 2-40　"圆角矩形"对话框

图 2-41　绘制圆角矩形

(13) 设置填充颜色为浅灰色，并设置描边颜色为灰色，效果如图 2-42 所示。

(14) 同理，在圆角矩形的上方绘制一个圆角矩形。双击"渐变工具" ，弹出"渐变"控制面板，将渐变色设为从黄色到橘黄色的径向渐变，效果如图 2-43 所示。

图 2-42　填充颜色

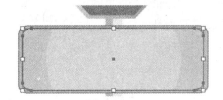

图 2-43　设置渐变色

(15) 选择"渐变工具" 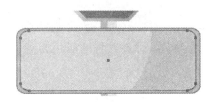，用鼠标从图形的左上方向右下方拖曳，效果如图 2-44 所示。选择"圆角矩形"工具 ，在渐变圆角矩形上再绘制一个圆角矩形，填充颜色为白色，描边为无，如图 2-45 所示。

图 2-44　拖曳图形

图 2-45　绘制圆角矩形

(16) 执行"窗口"|"透明度"命令，弹出"透明度"面板，单击面板右上方的图标，在弹出的下拉菜单中选择"建立不透明蒙版"命令，单击"编辑不透明蒙版"图标，如图 2-46 所示。

(17) 选择"矩形工具" ，在圆角矩形上绘制一个矩形，双击"渐变工具" ，弹出"渐变"面板，将渐变色设为从黑色到白色，其他选项设置如图 2-47 所示。建立的半透明效果如图 2-48 所示。

图 2-46　"透明"面板　　　　图 2-47　"渐变"面板　　　　图 2-48　半透明效果

(18) 在"透明度"面板中单击"停止编辑不透明蒙版"图标，效果如图 2-49 所示。

图 2-49　图形效果 3

(19) 执行"窗口"|"画笔库"|"箭头"|"箭头_标准"命令，弹出"箭头_标准"面板，选择需要的画笔，如图 2-50 所示。将画笔拖曳到页面中，调整大小及角度，并将其拖曳到矩形上，效果如图 2-51 所示。

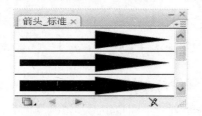

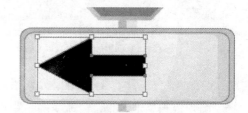

图 2-50　"箭头_标准"面板　　　　　　　　图 2-51　画笔效果

(20) 选择"直接选择工具"，按住 Shift 键的同时选取图形路径上右侧的两节点，如图 2-52 所示。将其向右侧水平拖曳，填充颜色为白色，并设置描边颜色为无，效果如图 2-53 所示。

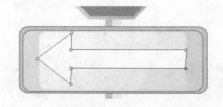

图 2-52　选取节点　　　　　　　　　　图 2-53　设置颜色

(21) 选择"矩形工具"，在箭头上方绘制一个矩形，如图 2-54 所示。执行"窗口"|"图形样式库"|"涂抹效果"命令，弹出"涂抹效果"面板，选择需要的涂抹样式，如图 2-55 所示。单击鼠标，样式就被加载到矩形上，如图 2-56 所示。

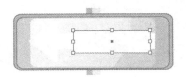

图 2-54　绘制矩形

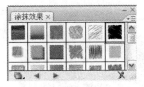

图 2-55　"涂抹效果"面板

图 2-56　加载样式

(22) 选择"文字工具" T.，在矩形上输入需要的文字，选择"选择工具" ，设置合适的字体和文字大小，填充文字为黑色，效果如图 2-57 所示。

(23) 选择"选择工具" ，按住 Shift 键，同时选取文字和矩形，执行"对象"｜"剪切蒙版"｜"建立"命令，效果如图 2-58 所示。

图 2-57　填充颜色

图 2-58　编辑图形

(24) 选择"选择工具" ，将所有图形同时选取，按 Ctrl + G 组合键将其编组，效果如图 2-59 所示。执行"效果"｜"扭曲和变换"｜"自由扭曲"命令，弹出"自由扭曲"对话框，在预览窗口中编辑各个节点到合适位置，如图 2-60 所示。单击"确定"按钮效果如图 2-61 所示。至此路标效果绘制完成。

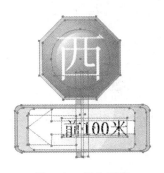

图 2-59　组合图形

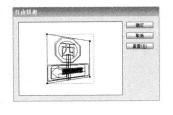

图 2-60　"自由扭曲"对话框

图 2-61　效果图

2.1.5　案例四：绘制标志

【效果图】

案例四效果图如图 2-62 所示。

图 2-62　案例四效果图

【知识要点】运用"椭圆工具"、"矩形工具"、"直接选择工具"、"路径查找器"命令、"文字工具"、"倾斜工具"、"混合工具"。

【操作步骤】

(1) 新建一个文档，颜色模式设为 CMYK。

(2) 选择"椭圆工具" 🔘，按住 Shift 键的同时，在绘图区绘制一个圆形，并填充颜色为粉色，效果如图 2-63 所示。

(3) 选择"矩形工具" 🔲，在圆形的下方绘制一个矩形，填充为粉色，效果如图 2-64 所示。选择"直接选择工具" 📐，选取矩形左上方的节点向右拖曳，如图 2-65 所示。使用同样的方法将右上方的节点向左拖曳，如图 2-66 所示。

图 2-63　绘制圆形

图 2-64　绘制矩形

图 2-65　编辑左上方节点

图 2-66　编辑右上方节点

(4) 选择"选择工具" 📐，将两个图形同时选中，执行"窗口"|"路径查找器"命令，弹出"路径查找器"面板，单击"与形状区域相加"按钮，如图 2-67 所示。单击"扩展"按钮，效果如图 2-68 所示。

图 2-67　"路径查找器"面板

图 2-68　相加后的效果

(5) 选择"文字工具" T.，在页面中输入文字，选择"选择工具" ，为文字设置合适的字体并设置文字大小，填充文字为白色，效果如图 2-69 所示。

(6) 执行"对象"|"封套扭曲"|"用变形建立"命令，在弹出的"变形选项"对话框中进行设置，如图 2-70 所示。单击"确定"按钮，文字的变形效果如图 2-71 所示。

图 2-69　填充文字

图 2-70　"变形选项"对话框

图 2-71　文字的变形效果

(7) 选择"椭圆工具" ，绘制一个椭圆形，为椭圆填充从土红色(C:0、M:100、Y:100、K:63)到土黄色(C:0、M:37、Y:100、K:29)的渐变颜色，选中渐变色带下方的渐变滑块，将其位置分别设为 12、100，其他选项设置如图 2-72 所示。图形效果如图 2-73 所示。

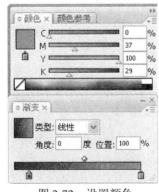

图 2-72　设置颜色

图 2-73　图形效果 1

(8) 选择"矩形工具" ，在椭圆形的上方绘制一个矩形，设置填充颜色为土黄色，效果如图 2-74 所示。在矩形的下方继续绘制两个矩形，设置填充颜色为土黄色，并放置到合适位置，效果如图 2-75 所示。

图 2-74　图形效果 2　　　　　　　　　　图 2-75　图形效果 3

(9) 将已经制作好的素材粘贴到页面中，拖曳到矩形的中间并调整其大小，效果如图 2-76 所示。

图 2-76　图形效果 4

(10) 选择"选择工具" ，按住 Shift 键，同时选取数字图形和 3 个矩形，按 Ctrl + G 组合键，将其进行编组。选择"倾斜工具" ，改变图形的角度，效果如图 2-77 所示。

(11) 选择"文字工具" ，在页面中输入文字，选择合适的字体并设置文字大小，填充颜色为土黄色，效果如图 2-78 所示。

图 2-77　图形效果 5　　　　　　　　　　图 2-78　图形效果 6

(12) 同时选中编组图形和文字，按 Ctrl+ G 组合键将其编组，选取编组后图形，执行"文字" | "创建轮廓"命令，将文字转换为轮廓路径。

(13) 选择"选择工具" ，选取图形，按住 Alt 键的同时，向左上方拖曳鼠标，将编组图形进行复制，效果如图 2-79 所示。

(14) 选择"选择工具"  ，选取复制的图形，设置填充颜色为土红色(C:23、M:100、Y:100、K:44)，效果如图 2-80 所示。

图 2-79　图形效果 7

图 2-80　图形效果 8

(15) 使用相同的方法复制编组图形，并拖曳到空白页面中，双击"渐变工具"  ，弹出"渐变"面板，在色带上设置 4 个渐变滑块，分别将渐变的滑块位置设为 0、38、68、100，并设置 CMYK 的值分别为(C:0、M:0、Y:100、K:0)，(C:0、M:0、Y:18、K:0)，(C:0、M:0、Y:74、K:0)，(C:0、M:0、Y:18、K:0)，其他设置如图 2-81 所示。效果如图 2-82 所示。

图 2-81　"渐变"面板

图 2-82　图形效果 9

(16) 选择"选择工具"  ，同时选中土黄色和土红色的编组图形，双击"混合工具"  ，在弹出的"混合选项"对话框中进行设置，如图 2-83 所示。单击"确定"按钮，分别在两个图形上单击鼠标，效果如图 2-84 所示。

图 2-83　"混合选项"对话框

图 2-84　图形效果 10

(17) 选择"选择工具"  ，选取空白处的渐变编组图形，将其拖曳到混合图形上，效

果如图 2-85 所示。选择"文字工具" T，在较大矩形位置输入文字，设置填充颜色为土红色，选择"倾斜工具" ，调整文字的倾斜度，标志效果绘制完成，如图 2-86 所示。

图 2-85　图形效果 11　　　　　　　　　　　　图 2-86　标志效果

2.1.6　案例五：矢量插画

【效果图】

案例五效果图如图 2-87 所示。

图 2-87　案例五效果图

【知识要点】"矩形工具"、"渐变工具"的使用。"染色玻璃滤镜"命令、"霓虹灯光滤镜"命令、"透明度"命令、"混合模式命令"的使用。

【操作步骤】

(1) 新建文档，颜色模式设为 CMYK。

(2) 选择"矩形工具" ，按住 Shift 键的同时，绘制一个正方形，双击"渐变工具" ，弹出"渐变"面板，设置从粉红色到黑色的渐变，其他设置如图 2-88 所示。效果如图 2-89 所示。

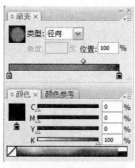

图 2-88　"渐变"面板

图 2-89　图形效果 1

　　(3) 选择"选择工具" ，选取正方形，选择"渐变工具"，用鼠标从正方形的右上方向左下方拖曳，效果如图 2-90 所示。

　　(4) 将素材中的 01 文件粘贴在页面中，效果如图 2-91 所示。

图 2-90　图形效果 2

图 2-91　图形效果 3

　　(5) 选择"选择工具"，选取花纹图形，执行"滤镜"|"纹理"|"染色玻璃"命令，在弹出的"染色玻璃"对话框中进行设置，如图 2-92 所示。单击"确定"按钮，图形效果如图 2-93 所示。

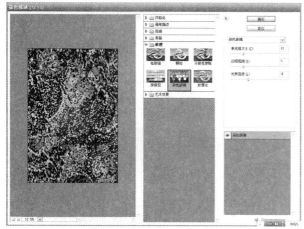

图 2-92　"染色玻璃"对话框

图 2-93　图形效果 4

(6) 执行"滤镜"|"艺术效果"|"霓虹灯光"命令，在弹出的"霓虹灯光"对话框中进行设置，如图 2-94 所示。单击"确定"按钮，效果如图 2-95 所示。

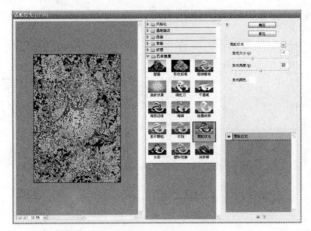 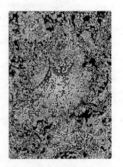

图 2-94　"霓虹灯光"对话框　　　　　　图 2-95　图形效果 5

(7) 选择"选择工具" ，选取花纹图形，执行"窗口"|"透明度"命令，弹出"透明度"面板，将混合模式设置为"叠加"，将不透明度设为"20"，如图 2-96 所示。图形效果如图 2-97 所示。

图 2-96　"透明度"面板　　　　　　图 2-97　图形效果 6

(8) 将素材中的 02 文件粘贴到页面中，将其拖曳到底图上并调整其大小，效果如图 2-98 所示。将素材 03 文件粘贴到页面中，将其拖曳到底图左上方，并调整其大小，效果如图 2-99 所示。至此，矢量插画效果制作完成。

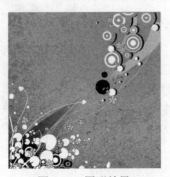 

图 2-98　图形效果 7　　　　　　图 2-99　图形效果 8

2.1.7 案例六：创建图表

【效果图】

案例六效果图如图 2-100 所示。

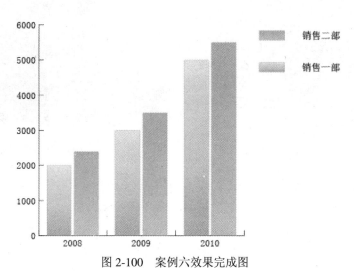

图 2-100 案例六效果完成图

【知识要点】"图表工具"、"编组选择工具"的使用。

【操作步骤】

(1) 在工具箱中选择"柱形图工具"，在绘图区单击鼠标以创建基本的柱形图表，此时弹出"图表"对话框，根据需要输入宽度和高度的数值，如图 2-101 所示。

(2) 确定图表大小后，插图中会出现原始的柱形图表和"图表数据"对话框，如图 2-102 所示。

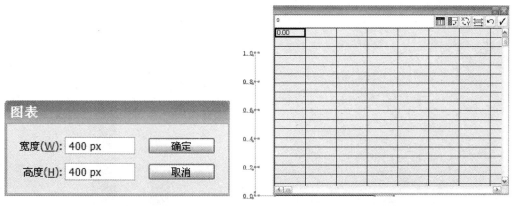

图 2-101 "图表"对话框　　　　图 2-102 柱形图表

(3) 在"图表数据"对话框中输入数据，保留第一行的第一格为空白，Illustrator 将为图表生成图例。在第一行第二格输入文字"销售一部"，在第二行的第一格输入由竖引号

61

引用的表示年份的数字，在此行第二格输入表示销售额的数字，如图 2-103 所示。单击右上方的"应用"按钮✓以应用这些数据，生成的图表如图 2-104 所示。

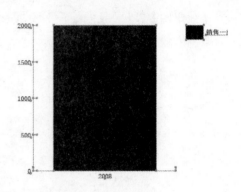

图 2-103　设置内容 1　　　　　　　　　　　　　图 2-104　生成的图表 1

(4) 在第一行第三格输入文字"销售二部"，并在第二行对应的单元格输入表示销售额的数字，如图 2-105 所示。生成的图表如图 2-106 所示。

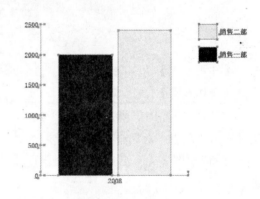

图 2-105　设置内容 2　　　　　　　　　　　　　图 2-106　生成的图表 2

(5) 继续输入更多年份的销售额数据，如图 2-107 所示。生成的图表如图 2-108 所示。

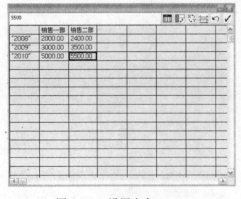

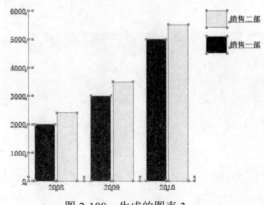

图 2-107　设置内容 3　　　　　　　　　　　　　图 2-108　生成的图表 3

(6) 编辑图表使其更加清晰和美观，使用"直接选择工具"选定图表对象，并执行"对象"|"图表"|"类型"命令调出"图表类型"对话框。在顶部的下拉菜单中选择"数值轴"，选择"忽略计算出的值"复选框，并设置最小值、最大值和刻度，如图 2-109 所示。生成的图表如图 2-110 所示。

图 2-109 "图表类型"对话框

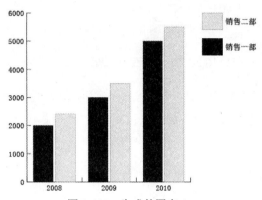

图 2-110 生成的图表 4

(7) 通过图表设计更改图表外观。使用"矩形工具"创建大小合适的矩形，并为矩形填充线性渐变，如图 2-111 所示。

(8) 选择渐变矩形，执行"对象"|"图表"|"设计"命令调出"图表设计"对话框，如图 2-112 所示。单击"新建设计"按钮，此时创建一个柱形设计，单击"重命名"按钮并命名为"销售一部销售额"，单击"确定"按钮关闭对话框。

图 2-111 设置矩形

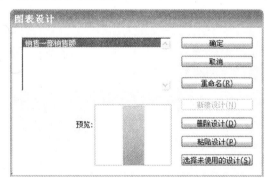

图 2-112 "图表设计"对话框

(9) 选择渐变矩形，对渐变矩形进行复制，在"渐变"面板中调整复制的矩形对象的渐变色，如图 2-113 所示。

(10) 选择复制的矩形，执行"对象"|"图表"|"设计"命令，在调出的"图表设计"对话框中创建一个代表"销售二部销售额"的柱形设计，如图 2-114 所示。

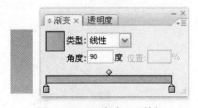

图 2-113 "渐变"面板

图 2-114 "图表设计"对话框

(11) 完成柱形设计的创建后，将其应用到图表中。使用"编组选择工具" ，单击代表销售一部销售额的黑色矩形对象 3 次，以确保选择了所有的同类对象，如图 2-115 所示。

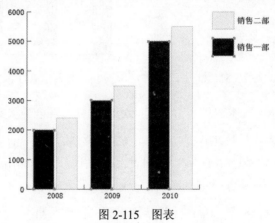

图 2-115 图表

(12) 执行"对象"|"图表"|"柱形图"命令，在调出的"图表列"对话框中选择"销售一部销售额"设计，选择"局部缩放"的列类型，如图 2-116 所示。应用图标设计后的图表效果如图 2-117 所示。

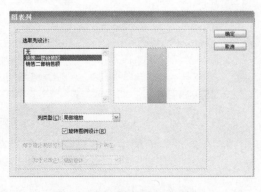

图 2-116 "图表列"对话框

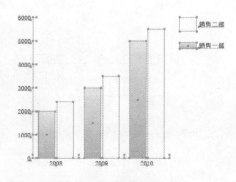

图 2-117 图表效果 1

(13) 使用同样的方法选择代表销售二部销售额的对象，并应用相应的图表设计，效果如图 2-118 所示。

(14) 使用"直接选择工具" ![icon]选择图例图形和文字，并调整它们的位置，最终效果如图 2-119 所示。

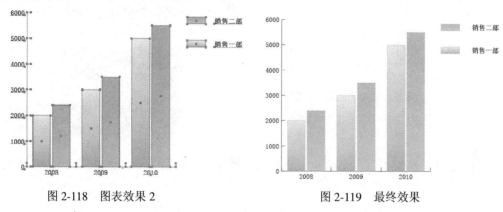

图 2-118 图表效果 2 　　　　　　　　图 2-119 最终效果

2.1.8 案例七：化妆品海报

【效果图】

案例七效果图如图 2-120 所示。

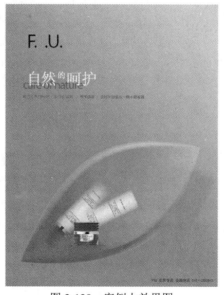

图 2-120 案例七效果图

【知识要点】"网格工具"的使用。

【操作步骤】

(1) 新建一个文档，颜色模式设为 CMYK。

(2) 选择"矩形工具" ![icon]，在绘图区绘制一个矩形，为其填充渐变颜色，渐变条上 3 个渐变滑块的色值从左到右分别为 C80、M37、Y27、K0，C73、M14、Y19、K0，C45、M3、Y4、K0，其他设置如图 2-121 所示。效果如图 2-122 所示。

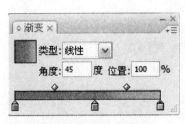

图 2-121 "渐变"面板

图 2-122 图形效果

(3) 选择"椭圆工具" 〇创建一个椭圆，设置填充色为 C68、M12、Y29、K0，效果如图 2-123 所示。

(4) 使用"转换锚点工具" ，单击椭圆形垂直方向上的两个端点，使其由平滑点转换为角点，椭圆形变成叶形，效果如图 2-124 所示。

图 2-123 图形效果 2

图 2-124 图形效果 3

(5) 选择"网格工具" ，在叶形对象的中部某点单击，两条纵向和横向的网格线被创建，鼠标单击的点成为它们的交叉点(网格点)，叶形对象被转换为网格对象，如图 2-125 所示。

(6) 为了使叶片更加形象，需要不断地增加网格对象中的网格点和网格线，并为这些网格点指定颜色，表现出叶片的各种细节特征。使用"网格工具" 在叶片左右两侧单击添加纵向的网格线，如图 2-126 所示。

图 2-125 图形效果 4

图 2-126 图形效果 5

(7) 选择叶片中间的网格点，在"颜色"面板中设定颜色值为 C79、M36、Y41、K0，如图 2-127 所示。叶片中间的颜色变深，效果如图 2-128 所示。

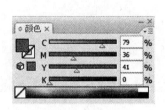

图 2-127　"颜色"面板　　　　　　　　图 2-128　图形效果 6

(8) 选择"网格工具" ，在紧贴叶片两侧的网格线添加新的网格线，并将左数第二格网格点的颜色亮度略微提高，效果如图 2-129 所示。

(9) 再次选中叶片中间的网格点，调整其颜色值为 C70、M10、Y41、K0，使得整个叶面具有冷暖的色调变化，效果如图 2-130 所示。

图 2-129　图形效果 7　　　　　　　　图 2-130　图形效果 8

(10) 选择"网格工具" 在叶片下部添加横向网格线，并选择它与中间纵向网格线相交的网格点，调整其色值为 C81、M50、Y31、K0，使叶片下部的色调更偏冷一些。还可以选择与该点相邻的网格点做色调的调整，使颜色过渡平滑、自然，效果如图 2-131 所示。

(11) 在叶子上部添加横向网格线，选择该网格线左数第二个网格点，提升该点颜色的明度，刻画出叶片的高光。然后选择叶片顶部的网格点，略微增加网格点颜色的明度，效果如图 2-132 所示。

图2-131　图形效果9　　　　　　　　　　图2-132　图形效果10

(12) 使用"旋转工具" ○将叶片旋转至合适角度，使用"选择工具" ▶将叶片置于背景合适位置，如图2-133所示。

图2-133　图形效果11

(13) 使用"选择工具" ▶选定叶片对象，执行"对象"|"路径"|"偏移路径"命令，在弹出的对话框中设定位移参数为"0"，如图2-134所示。单击"确定"按钮得到一个只包含叶片轮廓信息的路径对象，此对象无描边无填充，如图2-135所示。

图2-134　"位移路径"对话框　　　　　图2-135　图形效果12

(14) 按住Alt键的同时拖动鼠标，对路径对象进行复制操作，对复制路径对象设定填充颜色为C81、M34、Y40、K0。拖动该对象的定界框旋转合适的角度并向右下移动一定的距离，执行"效果"|"模糊"|"高斯模糊"命令，设置模糊半径为5个像素，在"透明度"面板更改透明度为35%，效果如图2-136所示。

(15) 打开素材中的"化妆品1"和"化妆品2"图片，将其放置于页面的适当位置并调整大小，如图2-137所示。

图 2-136　图形效果 13

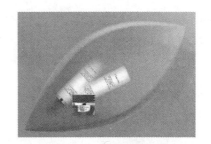
图 2-137　图形效果 14

（16）在页面的左上角以及右下角输入文字，并进行字体字号的设置，至此作品全部绘制完成，效果如图 2-138 所示。

F. U.

自然呵护

图 2-138　最终效果

2.1.9　案例八：绘制装饰画

【效果图】

案例八效果图如图 2-139 所示。

图 2-139　案例八效果图

【知识要点】使用"矩形工具"、"椭圆工具"绘制所需图形；重点学会使用"美工刀工具"，练习使用"色板"添加所需颜色，并调节颜色填充到背景对象中。

【操作步骤】

(1) 选择"矩形工具" ▢，绘制一个矩形。填充颜色为C40、M100、Y100、K0，并将描边改成"无"，将此图片作为装饰画的背景，如图2-140所示。

(2) 将所用颜色添加到"色板"面板，如图2-141所示。

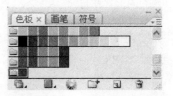

图2-140 绘制矩形　　　　　　　图2-141 "色板"面板

(3) 选择"美工刀工具" ▨，将背景对象进行切割操作，如图2-142所示。

图2-142 切割背景

提示：在使用"美工刀刀具"时，先按住Alt键，再按下鼠标左键并拖动鼠标，可以使光标的运动轨迹为直线。在使用"美工刀工具"时可以不选中图形对象，但只切割多个对象中的一个或部分图形对象时，就应选中所切割的对象。

(4) 双击"色板"面板中新添加的颜色，弹出"色板选项"对话框中如图2-143所示，选择"全局色"复选框，这时"颜色"面板如图2-144所示。

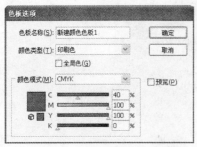

图2-143 "色板选项"对话框　　　　图2-144 "颜色"面板

(5) 使用"选择工具" ▶ 选中被分割后的对象，修改填充的颜色，如图2-145所示。

(6) 分别修改下方几个对象的填充颜色，如图2-146所示。

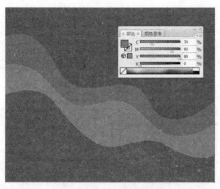

图 2-145　修改颜色 1

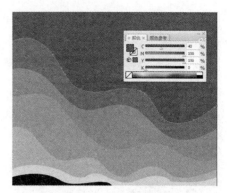

图 2-146　修改颜色 2

　　(7) 选择"椭圆工具" ，绘制一个如图 2-147 所示的圆形。在工具箱中选择"晶格化工具" ，调整笔刷大小，在圆形对象上单击直至达到合适的效果后释放鼠标左键，也可以拖动鼠标以达到满意的效果，如图 2-148 所示。

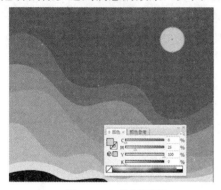

图 2-147　绘制圆形

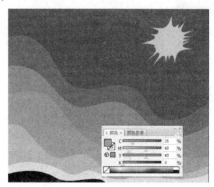

图 2-148　修改图形

　　(8) 选择"椭圆工具" ，绘制一个圆形，并修改圆形所填充的颜色。使用"美工刀工具" 将图形进行分割，然后修改分割后图形中填充的颜色，如图 2-149 所示。

　　(9) 选择"矩形工具" ，绘制一个矩形。修改图形填充颜色为 C0、M60、Y100、K80。在工具箱中双击"变形工具" ，在弹出的"变形工具选项"对话框中修改笔刷大小、强度，如图 2-150 所示。

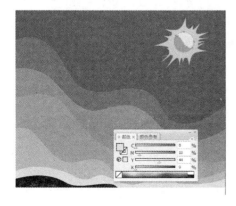

图 2-149　修改颜色 3

图 2-150　"变形工具选项"对话框

(10) 单击"确定"按钮后，使用"变形工具" 对矩形进行涂抹变形，把它修改成一棵枯树，效果如图 2-151 所示。

(11) 将枯树进行复制，并将其逐步变小，产生渐渐远去的效果，最终效果如图 2-152 所示。

图 2-151　图形效果　　　　　　　　　　　图 2-152　最终效果

2.1.10　案例九：绘制烛光

【效果图】

案例九效果图如图 2-153 所示。

图 2-153　案例九效果图

【知识要点】使用"矩形工具"绘制矩形，使用"椭圆工具"绘制圆形，学习使用"铅笔工具"，重点练习使用"混合工具"。

【操作步骤】

(1) 选择"矩形工具" 绘制一个矩形，填充颜色为 C70、M10、Y60、K70，并将描边改成"无"，将此图形作为背景，如图 2-154 所示。将所用颜色添加到"色板"面板，如图 2-155 所示。

图 2-154　绘制矩形

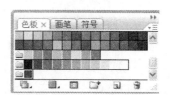

图 2-155　"色板"面板

(2) 选择"椭圆工具" ◎绘制一个圆形，填充和矩形一样的颜色 C70、M10、Y60、K70。使用"直接选择工具" ▷进行编辑，再使用"转换点工具"进行修改，单击圆形上方的锚点，将平滑角转换为尖角，如图 2-156 所示。

图 2-156　修改图形

(3) 选择该对象，先按 Ctrl+C 组合键，再按 Ctrl+F 组合键在原位复制一个对象，使用"选择工具" ▷将当前选中的对象缩小并调整位置，然后填充为红色。用同样的方式绘制黄色和白色，如图 2-157 所示。

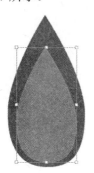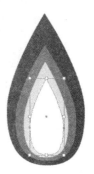

图 2-157　图形效果 1

(4) 按住 Shift 键，使用"选择工具" ▷选中火焰的 4 个对象，执行"对象"|"混合"|"建立"命令，结果如图 2-158 所示。

(5) 使用"铅笔工具" ✐绘制蜡烛芯，填充颜色为 C70、M10、Y60、K70 即可，如图 2-159 所示。

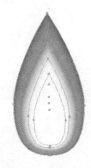

图 2-158　图形效果 2　　　　　　　　　图 2-159　图形效果 3

　　(6) 选择"铅笔工具"　绘制烛身上下的两条线段，将上面一条描边改为"白色"，下面一条描边改为 C70、M10、Y60、K70，描边的宽度改为"2pt"，如图 2-160 所示。参数设置如图 2-161 所示。

图 2-160　绘制线段　　　　　　　　　图 2-161　参数设置

　　(7) 执行"对象"｜"混合"｜"建立"命令，并将蜡烛整合在一起，调整大小和位置，如图 2-162 所示。按 Ctrl+G 组合键将图形编组，如图 2-163 所示。将蜡烛放到背景矩形中，如图 2-164 所示。

图 2-162　图形效果 4　　　　图 2-163　图形效果 5　　　　图 2-164　图形效果 6

　　(8) 绘制一个圆形作为蜡烛的光晕，填充和背景一样的颜色 C70、M10、Y60、K70，并按 Ctrl+C 组合键和 Ctrl+F 组合键将圆形在原地复制一个，填充为 C20、M80、Y100、K50，如图 2-165 所示。

图 2-165　图形效果 7

(9) 使用"混合工具"  在两个圆形上单击，效果如图 2-166 所示。执行"对象"|"排列"|"后移一层"命令，效果如图 2-167 所示。

图 2-166　图形效果 8

图 2-167　图形效果 9

(10) 这时蜡烛火苗和光晕的颜色还不和谐，用"选择工具"  单独选中蜡烛最外面的对象，用"吸管工具"单击光晕内部的颜色，将光晕光的颜色复制给火苗，如图 2-168 所示。

(11) 绘制一个矩形在所有对象上面，填充任意颜色，如图 2-169 所示。

图 2-168　图形效果 10

图 2-169　绘制矩形

(12) 按 Ctrl+A 组合键选中所有图形，执行"对象"|"剪切蒙版"|"建立"令，最终的效果如图 2-170 所示。

图 2-170　最终效果

2.1.11　案例十：风格化滤镜应用实例

【效果图】

案例十效果图如图 2-171 所示。

图 2.171　案例十效果图

【知识要点】正确使用"矩形工具"、"铅笔工具"、"钢笔工具"。学会正确使用"渐变"面板。

【操作步骤】

(1) 使用"矩形工具" ▭ 创建两个具有线性渐变填充效果的矩形作为图标的背景，并将它们组合，如图 2-172 所示。

(2) 使用"矩形工具" ▭ 创建大小合适的矩形对象，如图 2-173 所示。使用"选择工具"选定该矩形对象，然后执行"滤镜"|"风格化"|"圆角"命令，设定半径为"40px"，如图 2-174 所示。

图 2-172　组合矩形　　　　　　　　　　图 2-173　创建矩形

图 2-174　设置圆角

(3) 在"渐变"面板为圆角矩形对象设定线性渐变填色，如图 2-175 所示。

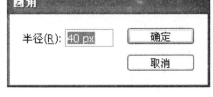

图 2-175　设置颜色

(4) 保持对圆角矩形对象的选定，执行"编辑"|"复制"，然后执行"编辑"|"贴在前面"命令得到复制的对象，然后缩小复制的对象到合适大小，并更改渐变填色的色调，效果如图 2-176 所示。

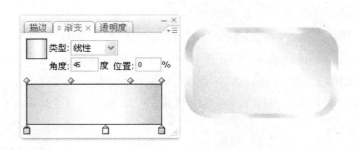

图 2-176　设置颜色 2

(5) 复制一个圆角矩形，更改渐变色调，将其放置到前两个圆角矩形之后并向上向右偏移一定的距离，如图 2-177 所示。

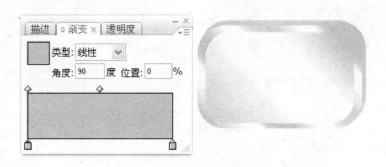

图 2-177　设置颜色 3

(6) 使用"选择工具" 选中最后一个圆角矩形，然后执行"滤镜"｜"风格化"｜"投影"命令，在"投影"对话框设定选项参数，如图 2-178 所示。单击"确定"按钮，效果如图 2-179 所示。

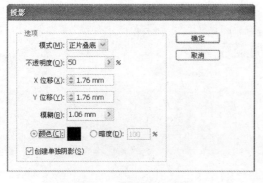

图 2-178　"投影"对话框 1

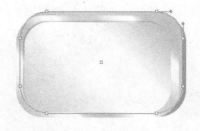

图 2-179　图形效果 1

(7) 使用"选择工具" 选择最前面较小的圆角矩形，然后执行"滤镜"｜"风格化"｜"投影"命令，在"投影"对话框设置选项参数，如图 2-180 所示。单击"确定"按钮，效果如图 2-181 所示。

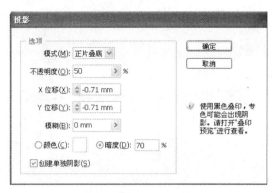

图 2-180　"投影"对话框 2

图 2-181　图形效果 2

(8) 使用"钢笔工具"勾勒折线段,设定描边粗细为"20pt",描边色为绿色。保持对该线段的选定,执行"滤镜"|"风格化"|"添加箭头"命令,在弹出的"添加箭头"对话框中参照图 2-182 所示设置选项参数,单击"确定"按钮,效果如图 2-183 所示。

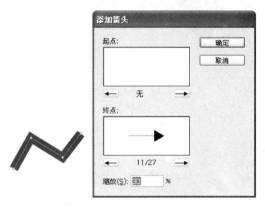

图 2-182　"添加箭头"

图 2-183　图形效果 3

(9) 将带有箭头的折线段组合到图案中,并为其添加少量的阴影,效果如图 2-184 所示。

(10) 根据画面的整体效果,继续添加细节,比如使用圆角矩形的阵列丰富背景,在图标面板添加带有阴影的横线,镜像复制图标以创建倒影等,最终的效果如图 2-185 所示。

图 2-184　图形效果 4

图 2-185　最终效果

2.1.12　习题

【任务】绘制圣诞帽。

【知识要点】使用"钢笔工具"、"矩形工具"绘制图形，使用"排列"命令调整图形的排列顺序。

【效果图】

圣诞帽效果图如图 2-186 所示。

图 2-186　圣诞帽效果图

2.2　排版

2.2.1　关于排版

排版就是将文字、图形、色彩进行合理化的艺术性的排列。排版后作品会应用于网络传播或印刷。在最初设计作品的时候就要明确作品的应用，因为当作品最终要用于印刷输出，排版时一定要在 Illustrator 等矢量软件中进行，否则当印刷输出时，文字的部分就会有锯齿，影响作品的效果。

2.2.2　"大连建市百年"宣传单页

【效果图】

宣传单页效果图如图 2-187 所示。

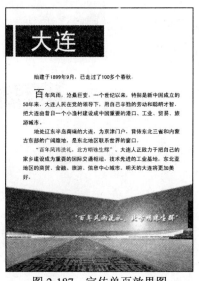

图 2-187　宣传单页效果图

【知识要点】"文本工具"的使用。

【操作步骤】

(1) 执行"文件"|"新建"新建文档,宽度为 76mm,高度为 105mm,单击"确定"按钮。

(2) 设置参考线,留出血,上、下、左、右各 3mm,如图 2-188 所示。

(3) 置入素材图片,如图 2-189 所示。

图 2-188　设置参考线

图 2-189　置入图片

(4) 图片形状处理。调整图片大小,并放置到画面中合适的位置。在图片上利用"钢笔工具"绘制想要的图片形状。绘制好路径后,选中形状和图片,建立剪切蒙版,效果如图 2-190 所示。

(5) 图片效果处理。给图片添加"滤镜"或"效果",渲染气氛。

(6) 绘制装饰色块。利用"矩形工具"绘制装饰色块。装饰时，注意色彩及画面的平衡感，效果如图 2-191 所示。

图 2-190　建立剪切蒙版

图 2-191　绘制装饰色块

(7) 输入点文字："大连"及"百年风雨洗礼，北方明珠生辉"。利用"字符"面板设置合适的字体及大小，设置字体颜色，如图 2-192 所示。

图 2-192　输入点文字

(8) 输入段落文字："始建于 1899 年 9 月，已走过了 100 多个春秋。百年风雨，沧桑巨变。一个世纪以来，特别是新中国成立的 50 年来，大连人民在党的领导下，用自己辛勤的劳动和聪明才智，把大连由昔日一个小渔村建设成中国重要的港口、工业、贸易、旅游城市。地处辽东半岛南端的大连，为京津门户，背依东北三省和内蒙古东部的广阔腹地，是东北地区联系世界的窗口。百年风雨洗礼，北方明珠生辉。大连人正致力于把自己的家乡建设成为重要的国际交通枢纽，技术先进的工业基地，东北亚地区的商贸、金融、旅游、信息中心城市。明天的大连将更加美好。"对段落文本进行排版，设计合适的版式，突出重点词语。修改文字的字体、大小及颜色等，效果如图 2-193 所示。

图 2-193　输入段落文字

(9) 将文字和图形进行整体调节。

(10) 保存文件，输出效果图。

2.2.3　"招生宣传册"内页

【效果图】

"招生宣传册"内页如图 2-194 所示。

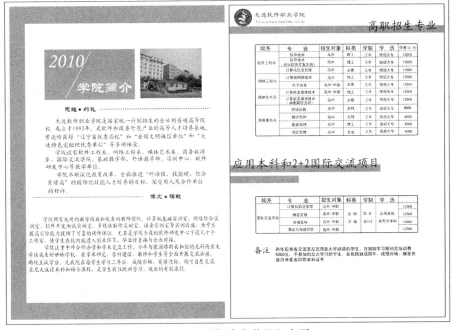

图 2-194　"招生宣传册"内页

【知识要点】利用表格排版，利用路径绘制表格。

【操作步骤】

(1) 执行"文件"|"新建"新建文档，宽度为 303mm，高度为 216mm，颜色模式为 CMYK，分辨率为 300ppi，单击"确定"按钮。

(2) 设置参考线，留出血，上、下、左、右各 3mm，如图 2-195 所示。

(3) 利用参考线设计布局，如图 2-196 所示。

图 2-195　设置参考线　　　　　　　　　　　　　　图 2-196　设计布局

(4) 根据布局，利用"形状工具"、钢笔工具"等绘制背景及边框。设计合适的颜色及大小。置入所需素材，并调整到合适大小，效果如图 2-197 所示。

(5) 输入文字，选择合适的字体、大小及颜色，效果如图 2-198 所示。

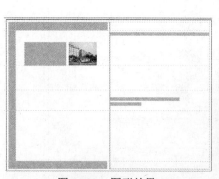 

图 2-197　图形效果 1　　　　　　　　　　　　　　图 2-198　图形效果 2

(6) 绘制表格，利用表格进行排版。利用"矩形工具"、"圆角矩形工具"及"直线工具"绘制表格。在绘制的过程中要注意使用"排列"和"对齐"等命令进行辅助绘图。输入表格内文字，要注意设置合适的字体大小及颜色，效果如图 2-199 所示。

在操作的过程中，要注意将表格绘制完成后进行编组。同时，输入文字时，可将表格锁定，防止因操作问题将布局打乱。文字也可进行编组，文字输入完成后，可以再将表格解锁。

编组的快捷方式为 Ctrl+G，取消编组的快捷方式为 Ctrl+Shift+G；将图形对象锁定的快捷方式为 Ctrl+2，解锁的快捷方式为 Ctrl+Alt+2。

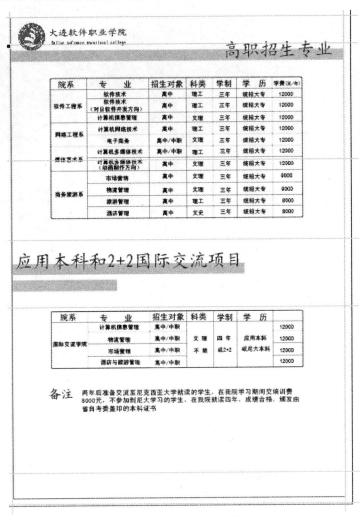

图 2-199　图形效果 3

(7) 将组成作品的图形及文字进行进一步的调节及布局摆放，直到满意为止。

(8) 保存文件，输出效果图。

2.2.4　习题

【任务】为你的学校设计和制作招生宣传册的封面。

要求：

(1) 大小：A4 纸。

(2) 符合印刷要求。

(3) 体现学校特色。

【参考设计】

参考图如图 2-200 所示。

图 2-200　参考图

第3章

Illustrator
技术商业实践

3.1 插画设计

【任务简介】为儿童读物以"上学了"为主题设计和绘制一幅插画。

【创意】作品所面向的对象为儿童，所以，采用活泼的设计风格。所有要素的选择及色彩的设定均符合认同的特点。整体作品要努力传达出因为上学所表现出来的高兴情绪和气氛。

【效果图】

效果图如图 3-1 所示。

图 3-1　效果图

【操作步骤】

(1) 新建一个文档，颜色模式设为 CMYK，如图 3-2 所示。

图 3-2　新建文档

(2) 绘制背景。选择"矩形工具" ，在绘图区绘制一个矩形，为其填充渐变颜色，颜色设置如图 3-3 所示。

(a)

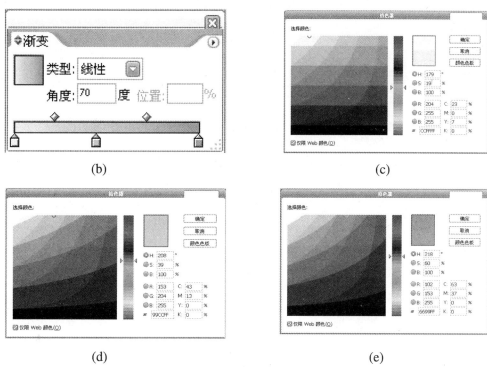

(b)

(c)

(d)

(e)

图 3-3　颜色设置

（3）绘制下方图形。选择"钢笔工具"，在绘图区绘制选区，为其填充渐变颜色，效果如图 3-4 所示。

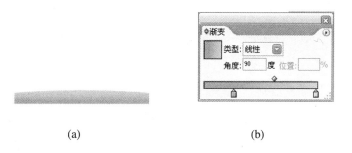

(a)

(b)

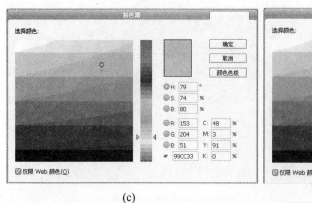
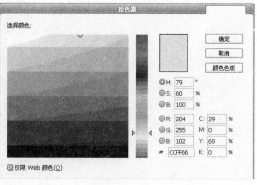

（c）　　　　　　　　　　　　　　　　（d）

图 3-4　绘制图形

（4）绘制装饰花朵。使用"钢笔工具"绘制选区，添加渐变颜色，效果如图 3-5 所示。

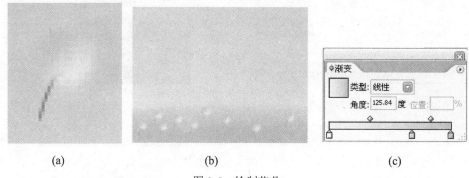

（a）　　　　　　　　　　（b）　　　　　　　　　　（c）

图 3-5　绘制花朵

（5）绘制小房子。配合"钢笔工具"和"矩形工具"绘制图形，并使用"钢笔工具"绘制选区，添加渐变颜色，效果如图 3-6 所示。

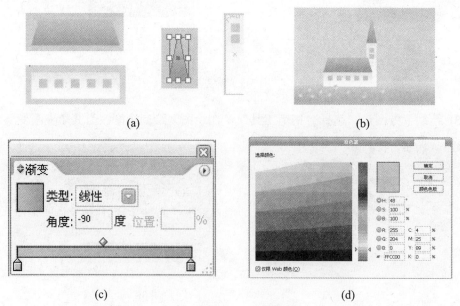

（a）　　　　　　　　　　　　　　　　　　（b）

（c）　　　　　　　　　　　　　　　　　　（d）

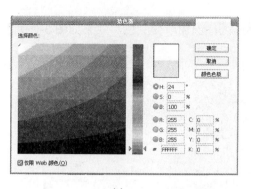

(e)

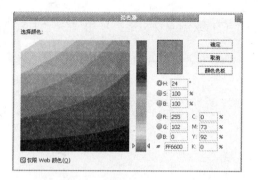

(f)

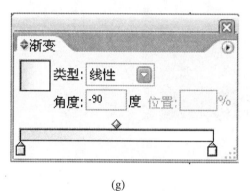

(g)

(h)

图 3-6 绘制小房子

(6) 绘制小树。使用"钢笔工具"绘制选区，添加渐变颜色，效果如图 3-7 所示。

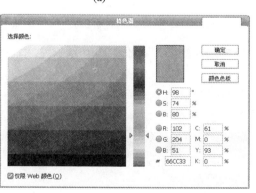

(a)

(b)

(c)

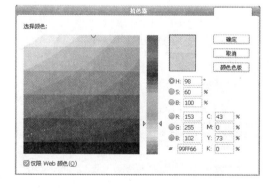

(d)

图 3-7 绘制小树

(7) 绘制人物头部。使用"钢笔工具"绘制选区，添加渐变颜色，效果如图 3-8 所示。

(a)

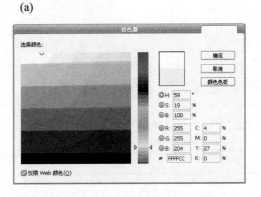

(b)　　　　　　　　　　　　　　　　　(c)

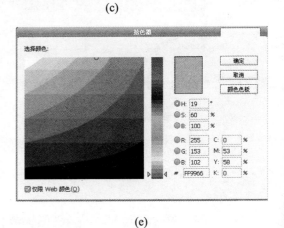

(d)　　　　　　　　　　　　　　　　　(e)

图 3-8　绘制人物头部

(8) 绘制人物的身体。使用"钢笔工具"按轮廓绘制图形，并添加颜色为白色，如图 3-9 所示。

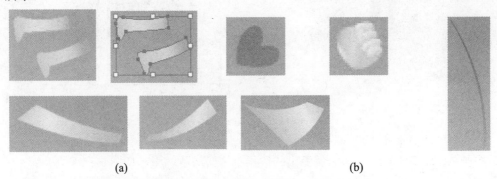

(a)　　　　　　　　　　　　　　　　　(b)

(c)

图 3-9　绘制人物的身体

(9) 绘制大的装饰花朵。绘制花心，使用"钢笔工具"按轮廓绘制图形，并添加渐变颜色，如图 3-10 所示。

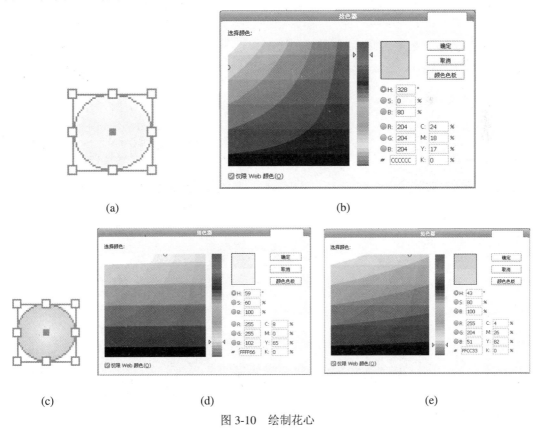

(a)　　　　　　　　　　　　　　　　　　　　(b)

(c)　　　　　　　　　　(d)　　　　　　　　　　(e)

图 3-10　绘制花心

(10) 绘制花瓣。使用"钢笔工具"制作图形，并添加渐变颜色，选择"旋转工具"，然后按住 Alt 键将中心点下移，在弹出的对话框中，进行编辑，如图 3-11 所示。

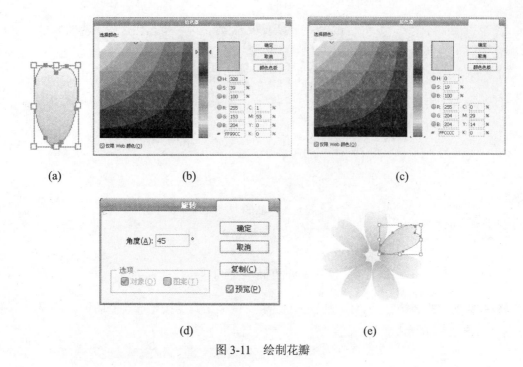

(a) (b) (c)

(d) (e)

图 3-11　绘制花瓣

(11) 将花心与花瓣编组，如图 3-12 所示。

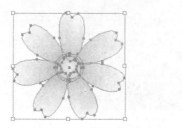

图 3-12　编组花心与花瓣

(12) 将花朵设定为自定义画笔，然后在画笔里使花朵四处散落，如图 3-13 所示。

图 3-13　绘制花朵

(13) 使用"钢笔工具"绘制云的图形，并添加颜色为白色，然后按花瓣的制作方法将其散落，如图 3-14 所示。

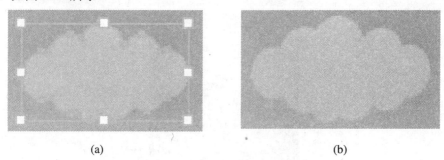

(a)   (b)

图 3-14　绘制云

(14) 使用"矩形工具"绘制三角形，并添加颜色为白色，将 3 个图形组合在一起，效果如图 3-15 所示。

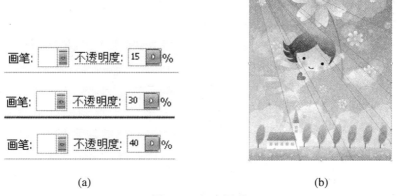

(a)   (b)

图 3-15　组合图形

至此，插画设计就完成了。

【习题】请你也以"上学了"为主题按自己的创意设计一幅精美的插画。

要求：

(1) 大小：A4 纸。

(2) 按个人喜好随意设计。

3.2　动漫角色设计

3.2.1　绘制 Hello Kitty

【任务简介】绘制可爱的 Kitty。

【效果图】

效果图如图 3-16 所示。

图 3-16　效果图

【操作步骤】

(1) 新建一个文档，颜色模式设为 CMYK。

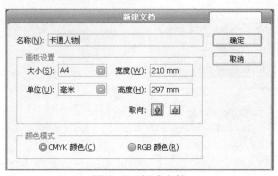

图 3-17　新建文档

(2) 选择"矩形工具" ，在绘图区绘制一个矩形，为其填充颜色，效果如图 3-18 所示。

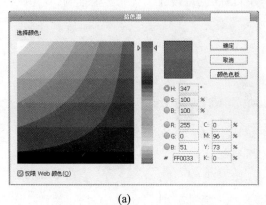

(a)

(b)

图 3-18　绘制矩形

(3) 选择"矩形工具" 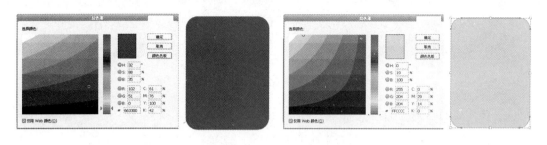，在绘图区绘制一个矩形，为其填充颜色，然后复制一个并缩小，为其添加别的颜色，效果如图 3-19 所示。

(a)　　　　　　　　　　　　　　　　　　(b)

图 3-19　图形效果 1

(4) 使用"钢笔工具"绘制选区，为其添加颜色，效果如图 3-20 所示。

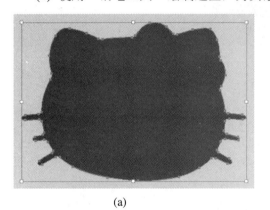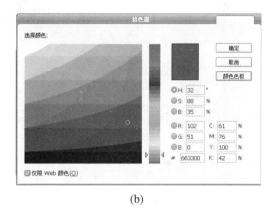

(a)　　　　　　　　　　　　　　　　　　(b)

图 3-20　图形效果 2

(5) 使用"钢笔工具"绘制选区，为其添加颜色 C61、M76、Y100、K42，然后编组，效果如图 3-21 所示。

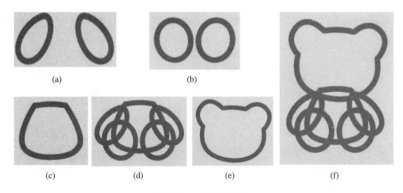

(a)　　　　　　　(b)

(c)　　　　(d)　　　　(e)　　　　(f)

图 3-21　图形效果 3

(6) 使用"钢笔工具"绘制选区，添加颜色 C61、M76、Y100、K42，效果如图 3-22 所示。

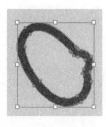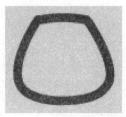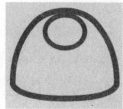

图 3-22　图形效果 4

(7) 将这些图片整合编组，如图 3-23 所示。

图 3-23　图形效果 5

(8) 使用"钢笔工具"绘制图形，并添加颜色 C47、M65、Y91、K6，为小熊填色，效果如图 3-24 所示。

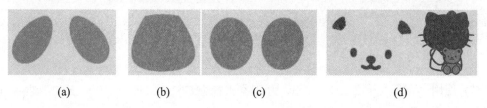

   (a)   (b)   (c)   (d)

图 3-24　图形效果 6

(9) 使用"钢笔工具"按轮廓绘制图形，并添加颜色为白色，效果如图 3-25 所示。

图 3-25　图形效果 7

(10) 使用"矩形工具"中的"椭圆工具"，绘制两个椭圆作为眼睛，再绘制一个椭圆不填充颜色，只加描边，效果如图 3-26 所示。

图 3-26　图形效果 8

(11) 使用"矩形工具"中的"椭圆工具"，绘制两个椭圆作为眼睛，再绘制一个椭圆填充白色，只加描边，效果如图 3-27 所示。

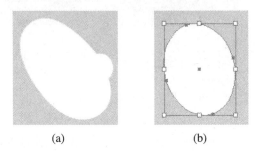

(a)　　　　　　　　(b)　　　　　　　　(c)

图 3-27　图形效果 9

(12) 使用"钢笔工具"绘制图形，并添加颜色 C61、M76、Y100、K42，然后将其编组，效果如图 3-28 所示。

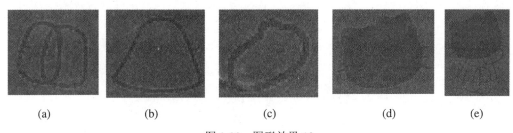

(a)　　　　　(b)　　　　　(c)　　　　　(d)　　　　　(e)

图 3-28　图形效果 10

(13) 使用"钢笔工具"绘制图形，制作裙子并添加颜色 C0、M29、Y14、K0，将几个图形组合在一起，效果如图 3-29 所示。

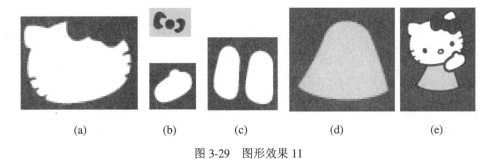

(a)　　　　　(b)　　　　(c)　　　　(d)　　　　(e)

图 3-29　图形效果 11

(14) 使用第 8 步所绘制的小熊头修饰与 Kitty 结合，效果如图 3-30 所示。

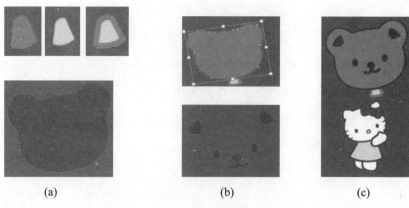

图 3-30　图形效果 12

(15) 使用"钢笔工具"绘制云,然后将其排列、复制,编组图形,并为其添加颜色,效果如图 3-31 所示。

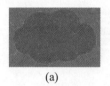
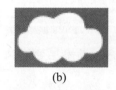

图 3-31　图形效果 13

(16) 使用"文字工具"为图片添加文字,并设置适合的颜色和样式。

Hello Kitty 制作完成了,效果如图 3-32 所示。

图 3-32　图形效果 14

3.2.2　绘制圣诞奶牛

【任务简介】绘制圣诞奶牛。

【效果图】

效果图如图 3-33 所示。

图 3-33 效果图

【操作步骤】

(1) 新建一个文档，颜色模式设为 CMYK，如图 3-34 所示。

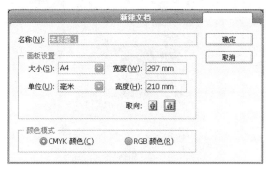

图 3-34 新建文档

(2) 选择"视图"菜单下的参考线，建立参考线，确定范围，锁定参考线，如图 3-35 所示。

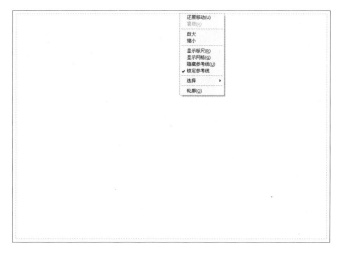

图 3-35 锁定参考线

(3) 选择"矩形工具"■，在绘图区绘制一个矩形，为其填充颜色#99CC33，效果如图 3-36 所示。

图 3-36　绘制矩形

(4) 开始绘制头部。使用【钢笔工具】绘制图形 1，填充黑色，效果如图 3-37 所示。

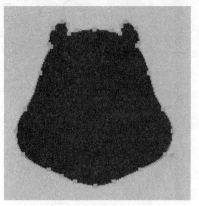

图 3-37　绘制头部

(5) 使用"钢笔工具"绘制图形 2，填充黑色，效果如图 3-38 所示。

图 3-38　填充颜色

(6) 将两个图片摆放在合适的位置，全选。Ctrl+Shift+F9 打开【路径查找器】面板，单击"与形状区域相减"按钮，再单击"扩展"按钮。得到如图 3-39 所示效果。

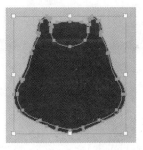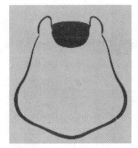

图 3-39　扩展图形

(7) 使用"钢笔工具"绘制图形，填充黑色，如下左图。镜像该图形，最终效果如下右图 3-40 所示。

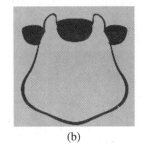

(a)　　　　　　　　　　(b)

图 3-40　绘制选区

(8) 在上一步的基础上，在黑色上面绘制白色图形。将黑色形状复制并缩小，修改填充颜色为白色，如图 3-41 所示。

图 3-41　填充白色

(9) 使用"钢笔工具"绘制图形，并添加颜色 C24、M18、Y17、K0，如图 3-42 所示。

(a)　　　　　　　　　　(b)

图 3-42　绘制图形 1

(10) 使用"钢笔工具"按轮廓绘制图形，并添加颜色为白色，如图 3-43 所示。

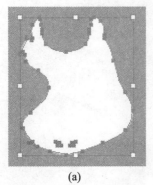
(a)

(b)

图 3-43　绘制图形 2

(11) 使用"椭圆工具"，绘制两个椭圆旋转组合在一起，将其重叠排列，然后全选，使用"路径查找器"，做"相加"变化，如图 3-44 所示。

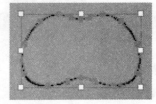

图 3-44　相加图形

(12) 设置上一步中得到的路径的填充颜色为 C23,M0,Y07,K0，描边设置为黑色，宽容度为 3pt，效果如图 3-45 所示。

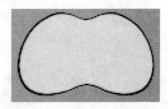

图 3-45　填充颜色

(13) 再使用椭圆工具画两个椭圆填充黑色做眼睛，如图 3-46 所示。

图 3-46　填充眼睛

(14) 使用"钢笔工具"绘制图形，填充颜色 C54,M100,Y100,K43 和 C0,M96,Y95,K0 以及 C26，M0,Y0,K100。再将其分别放置在如图 3-47 所示位置。

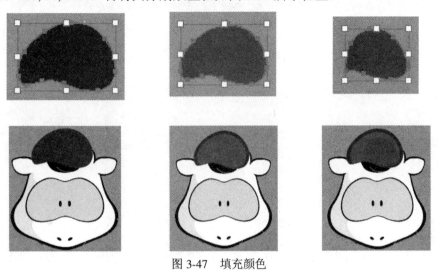

图 3-47　填充颜色

(15) 使用"钢笔工具"绘制作图形，并添加颜色 C24,M18,Y17,K0，将三个图形组合在一起效果如图 3-48 所示。

图 3-48　绘制白云

(16) 选择"钢笔工具"，在绘图区绘制图形，为其填充颜色 C54,M100,Y100,K43，如图 3-49 所示。

(17) 继续绘制下图图形，设置填充颜色 C0,M96,Y95,K0，效果如图 3-50 所示。

图 3-49　描边　　　　　　　图 3-50　填色

(18) 将(16)和(17)步得到的图形进行组合，效果如图 3-51 所示。

图 3-51　合并图形

(19) 使用"钢笔工具"绘制如图 3-52 所示。

图 3-52　星月图形

(20) 将上面绘制的图形进行排列，复制，旋转，编组并添加颜色，效果如图 3-53 所示。

图 3-53　组合图形

(21) 绘制手臂、身体、腿部等区域。继续使用"钢笔工具"绘制路径或图形，设置合适的填充色及描边色。最终人物形象效果如图 3-54 所示。

图 3-54　组合四肢

(22) 绘制投影。使用"矩形工具"中的椭圆工具，绘制一个圆，设置填充色为黑色，如图 3-55 所示。

图 3-55　绘制椭圆

(23) 开始制作背景图案。首先使用"钢笔工具"绘制"袜子"路径，设置填充色为白色，描边色为 C67,M28,Y99,K0，如图 3-56 所示。

(24) 绘制五个圆形，填充色为 C67,M28,Y99,K0，效果如图 3-57 所示。

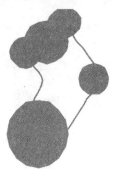

图 3-56　白袜子　　　　　　　　图 3-57　绘制圆形

(25) 将"袜子"路径复制并置于顶层，然后选中最下面的大圆、右面的小圆和复制的"袜子"路径，按 Ctrl+7 键，得到如图 3-58 所示效果。

图 3-58　复制

(26) 利用"星形工具"绘制六角星，设置其填充色为白色，描边色为 C67,M28,Y99,K0，并设置描边宽度为 4pt。然后使用"圆角矩形工具"绘制圆角矩形，并经过旋转并复制，得到如图 3-59 所示图形。

图 3-59　雪花图

(27) 将"袜子"和"雪花"图案在背景上进行排列。至此绘制完成。效果如图 3-60 所示。

图 3-60　圣诞奶牛

3.3　标志设计

【主题】大连软件职业学院的标志设计与制作。

【创意】以蓝色为主色调，象征知识的海洋。

【效果图】

效果图如图 3-61 所示。

图 3-61　效果图

【操作步骤】

(1) 新建一个文档，颜色模式设为 CMYK，如图 3-62 所示。

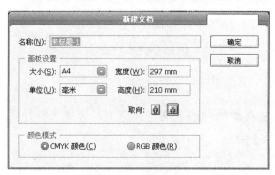

图 3-62　新建文档

(2) 选择"视图"菜单中的参考线，建立参考线，确定范围，锁定参考线，如图 3-63 所示。

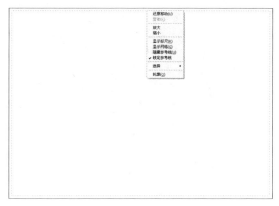

图 3-63　锁定参考线

(3) 选择"矩形工具" ◻ 中的"椭圆工具"，在绘图区绘制一个正圆，为其填充颜色 C100、M98、25、K0，效果如图 3-64 所示。

图 3-64　绘制正圆

(4) 选择画好的正圆，使用 Ctrl+C、Ctrl+F 组合建，复制一个正圆。选择"文字工具"下的"路径文字工具"编辑文字，效果如图 3-65 所示。

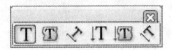

图 3-65　选择"路径文字工具"

(5) 全选文字，单击菜单栏中的"文字"选项，选择"路径文字"菜单下的"路径文字选项"，效果如图 3-66 所示。

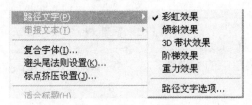

图 3-66　选择"路径文字选项"

(6) 选择"翻转"选项调整即可，效果如图 3-67 所示。

图 3-67　选择"翻转"

(7) 使用"矩形工具" ▦ 中的"椭圆工具"，在绘图区绘制一个正圆，为其设置填充无颜色，描边添加白色，效果如图 3-68 所示。

图 3-68　绘制正圆

(8) 使用"钢笔工具"绘制图形，并添加颜色 C8、M0、Y65、K0，如图 3-69 所示。

(a)

(b)

图 3-69　绘制图形 1

(9) 使用"钢笔工具"绘制图形，并添加白色，如图 3-70 所示。

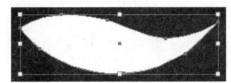

图 3-70　绘制图形 2

(10) 使用"钢笔工具"制作图形，并添加颜色 C81、M40、Y1、K0，如图 3-71 所示。

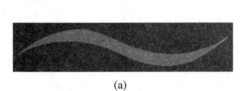
(a)

(b)

图 3-71　绘制图形 3

(11) 使用"矩形工具"制作正方形，并添加颜色为白色，如图 3-72 所示。

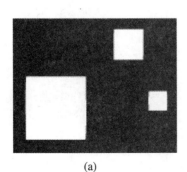
(a)

(b)

图 3-72　绘制图形 4

(12) 为图形添加数字，如图 3-73 所示。

图 3-73　绘制图形 5

这样标志就制作完成了。

3.4　广告设计

3.4.1　水果招贴广告

【任务简介】为乐购设计和制作水果宣传招贴广告。

【创意】画面设计以简洁为主，直接突出宣传主题，利用诱人的色彩达到宣传的效果。

【效果图】

效果图如图 3-74 所示。

图 3-74　效果图

【操作步骤】

(1) 新建一个文档，80cm×60cm，颜色模式为 CMYK，如图 3-75 所示。

(2) 选择"矩形工具" ，在绘图区绘制一个矩形，将其背景填充为白色，效果如图 3-75 所示。

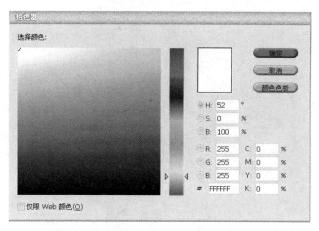

图 3-75　填充颜色

(3) 执行"文件"|"置入"命令，将素材图片分别导入，将其放置于页面的适当位置并调整大小，效果如图 3-76 所示。

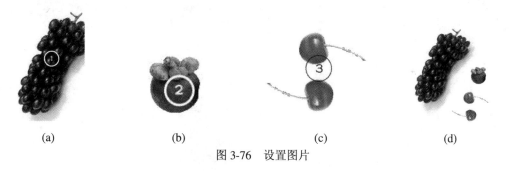

(a)　　　　　　　　　　(b)　　　　　　　　　　(c)　　　　　　　　　　(d)

图 3-76　设置图片

(4) 使用"钢笔工具" 绘制右下角的三角形边框，设置颜色，将其调整到合适的位置，效果如图 3-77 所示。

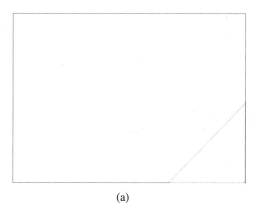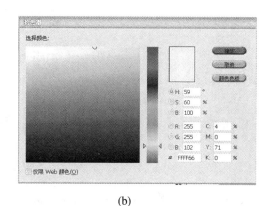

(a)　　　　　　　　　　　　　　　　　　(b)

图 3-77　绘制三角形边框

(5) 使用"选择工具" ▶ 选中该三角形，在按住 Alt 键的同时拖动鼠标，对路径对象进行复制操作。对复制的路径对象改变其颜色，调整大小和位置，效果如图 3-78 所示。

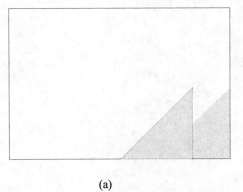

(a)　　　　　　　　　　　　　　　　　(b)

图 3-78　设置三角形

(6) 使用"文字工具" T，在右下角绘制的图形中输入文字"诱惑你的感觉"和"Temptation for your taste"，调整文字的字体、大小、颜色，按照三角形倾斜的角度改变字的倾斜效果，使其与三角形的斜边平行，效果如图 3-79 所示。

图 3-79　设置文字效果 1

(7) 使用"文字工具" T，在绘图区域的左下角输入文字，并调整文字的颜色、大小、字体，如图 3-80 所示。

乐购 Hymall

图 3-80　设置文字效果 2

至此作品全部绘制完成，效果如图 3-81 所示。

图 3-81　图形效果

3.4.2　数码相机广告设计

【任务简介】为某品牌数码相机设计户外灯箱广告。

【创意】消费者购买相机时重点关注相机的像素及成像质量等，因此，本广告突出相机的像素，以 800 万像素为主要诉求，吸引消费者的注意力。此外，考虑到浏览者在浏览户外广告时的停留时间和距离等因素，将在广告中采用集中式布局，以简洁有力的画面突出重点，给受众留下深刻印象。

【效果图】

效果图如图 3-82 所示。

图 3-82　效果图

【操作步骤】

(1) 新建一个文档，大小为 100cm×60cm，颜色模式为 CMYK。

(2) 制作背景。绘制一个 100cm×60cm 的矩形，添加渐变。渐变颜色由 CMYK(75、100、27、0)到 CMYK(61、95、43、3)。绘制三角形，填充颜色，效果如图 3-83 所示。

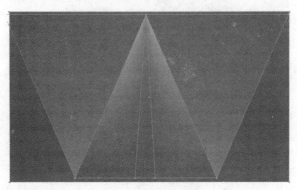

图 3-83　制作背景

(3) 制作"8"效果，如图 3-84 所示。

图 3-84　制作"8"效果

输入数字"8"，选择合适的字体及大小，并设置颜色为白色。

- 给文字创建轮廓，快捷方式为 Ctrl+Shift+O。
- 单击鼠标右键，在弹出的快捷菜单中选择"取消编组"命令，或使用快捷方式 Ctrl+Shift+G。
- 为文字添加线性渐变，颜色变化围绕颜色 CMYK(27、46、94、14)进行明暗变化调节得到。
- 打开"描边"面板，设置描边属性。描边粗细为 15pt，描边颜色 CMYK(2、6、23、0)。
- 打开"透明度"面板，设置混合模式为"柔光"。
- 打开"外观"面板，选择"描边"层，执行"效果"|"路径"|"位移路径"命令，设定位移值为 - 1cm。

- 在"外观"面板中添加一个"填色"层，为该层添加线性渐变，渐变颜色参考之前的设置，修改角度为-45°。同时，选中该"填色"层，执行"效果"|"路径"|"位移路径"命令，设定位移值为﹣1cm。

- 在"外观"面板中添加一个"描边"层，设置描边粗细为15pt，描边颜色CMYK(32、51、88、0)。同时，选中该"描边"层，执行"效果"|"路径"|"位移路径"命令，设定位移值为﹣1cm。

- 为"8"添加投影。在投影对话框中的X、Y位移为1cm，模糊值为1cm，不透明度为75%，颜色为深绿色。

- 至此8的效果制作完成。

- 打开"图层样式"面板，将制作好的8的效果添加到"图形样式"中，建立一个新的样式。

(4) "00"效果的制作，如图3-85所示。

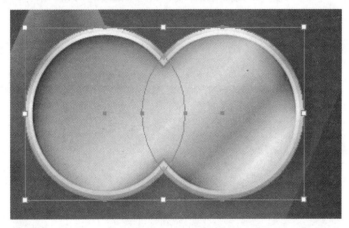

图 3-85　制作"00"效果

- 使用"椭圆工具"绘制两个圆形，效果如图3-86所示。

- 使用"路径查找器"面板将两个圆形进行相加操作，并将路径扩展，如图3-87所示。

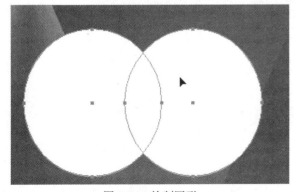

图 3-86　绘制圆形

图 3-87　相加两个圆形

- 将形成的新的路径应用于刚刚建立的图形样式。
- 在"外观"面板中对该效果进行微调。
- 为"00"增加其他装饰物。

(5) 置入产品图片，调整到合适的大小，放到相应的位置。调整透明度及叠加方式，得到的效果如图 3-88 所示。

图 3-88　置入图片

(6) 利用"文本工具"输入文案。

该广告设计完成，效果如图 3-89 所示。

图 3-89　图形效果

【习题】请你为该数码相机设计一幅宣传广告。

3.5　网页设计

【任务简介】为大连软件职业学院设计网站首页。

【创意】该网站为教育类网站，且为学校门户网站，设计时既要不失艺术性，又要不失正统性。要通过网站起到宣传、传递有效信息的目的。所以，网页设计的版式选择了"拐角"型布局,上面是标题及广告横幅,左侧是一窄列链接等,右侧是很宽的正文,下面也是一些网站的辅助信息。

【效果图】

效果图如图 3-90 所示。

图 3-90　效果图

【操作步骤】

(1) 新建一个文档,大小为 1024×768,颜色模式设为 RGB。

(2) 在菜单栏选择"视图"下的"显示参考线"工具,然后在"视图"中选择"显示标尺"工具,拖出相应的布局大小。效果如图 3-91 所示。

图 3-91　设置布局

(3) 选择"矩形工具"▢,在绘图区绘制一个矩形,为其填充渐变颜色,渐变条上两个渐变滑块的色值从左到右分别为(C0、M50、Y44、K0),(C25、M100、Y100、K25),其他设置如图 3-92 所示,效果如图 3-93 所示。

图 3-92　设置矩形 1　　　　　　　图 3-93　图形效果 1

(4) 选择"符号"面板中的叶子，如图 3-94 所示。把叶子向外拖曳到画布上，然后把叶子缩小，复制成一排并编组，效果如图 3-95 所示。

图 3-94　"符号"面板　　　　　　图 3-95　图形效果 2

(5) 选择"矩形工具" ▣，在绘图区绘制一个矩形，然后在上面输入一些相关的文字，效果如图 3-96 所示。

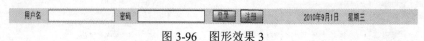

图 3-96　图形效果 3

(6) 选择"矩形工具" ▣，在绘图区绘制一个矩形，为其填充渐变颜色，渐变条上 3 个渐变滑块的色值从左到右分别为(C0、M0、Y0、K0)，(C0、M0、Y0、K75)，(C0、M0、Y0、K100)，其他设置如图 3-97 所示，效果如图 3-98 所示。

图 3-97　设置矩形 2　　　　　　　图 3-98　图形效果 4

(7) 为了使设计更加形象，执行"文件"|"置入"命令选择图片，可以更好地体现大连软件职业学院的风采。

(8) 添加红色动态的小图标。选择"矩形工具"，在绘图区绘制一个矩形，为其填充红色，然后用"钢笔工具"画一个三角形，为其填充红色。把它们呈上下排列，然后编组到一起，效果如图 3-99 所示。

图 3-99　图形效果 5

(9) 执行"文件"|"置入"命令选择图片，用"钢笔工具"沿着教学楼的边缘画一个

选框，为其填充颜色，将两个图片摆放在合适的地方，然后用"选择工具"把上下两张图选中，鼠标右键单击所编辑的图片，在弹出的快捷菜单中选择"建立剪切蒙版"选项。效果如图 3-100 所示。

图 3-100　图形效果 6

(10) 执行"文件"|"置入"命令选择图片，在"透明度"面板中，调节不透明度的大小为 77%，使其和背景融合。效果如图 3-101 所示。

图 3-101　"透明度"面板

(11) 用"钢笔工具"画 3 条线，排列成箭头的图标并编组。这些图标可以使整个版面更加清晰明了，效果如图 3-102 所示。

图 3-102　图形效果 7

(12) 制作虚线框。使用"直线段工具"画一条直线，然后在"描边"面板中选择虚线并设置其大小。效果如图 3-103 所示。

图 3-103　"描边"面板

(13) 用"文字工具"添加文字。

(14) 对文字和图片的位置进行微调。至此网站首页制作完成。

【习题】为自己的学校设计和制作网站首页。

要求:

(1) 大小:1000px×600px。

(2) 颜色模式:RGB。

(3) 体现学校特色。

3.6 其他商业应用

3.6.1 不干胶贴纸

【任务简介】为幼儿园的宝宝设计和制作不干胶贴纸。

【创意】小宝宝们都非常喜欢不干胶贴纸。幼儿园的老师和阿姨也会经常利用不干胶贴纸来奖励和鼓励小宝宝们。所以,在设计的时候选择了宝宝们喜欢的形象,如绵羊、小熊等。

【效果图】

效果图如图 3-104 所示。

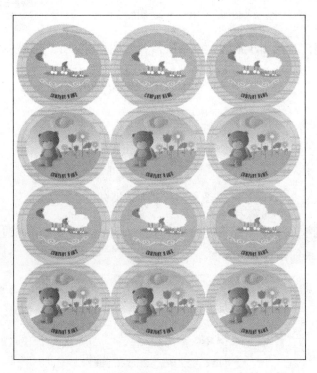

图 3-104 效果图

【操作步骤】

(1) 新建一个文档，颜色模式设为 CMYK。

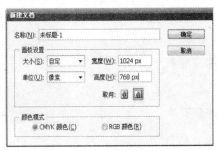

图 3-105　新建文档

(2) 选择"椭圆工具"，在绘图区绘制一个圆，同时按住 Shift 键，将其填充颜色，效果如图 3-106 所示。

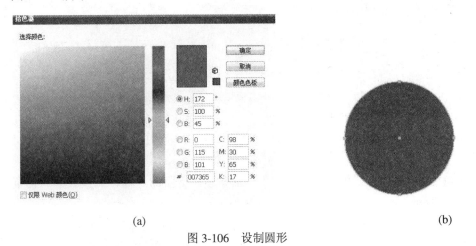

(a)　　　　　　　　　　　　　　　　　　　　(b)

图 3-106　设制圆形

(3) 选择"文字工具"下的"路径文字工具"，单击圆外侧边缘，输入文字"COMPANY NAME"，将文字放入圆内侧。使用"剪刀工具"，单击圆边缘线，将文字拖入内侧，调整文字的大小、颜色，效果如图 3-107 所示。

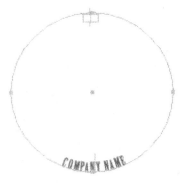

图 3-107　设置文字

(4) 选择"椭圆工具" ◎ 创建一个椭圆，同时按住 Alt+Shift 组合键将鼠标放置在绘制好的圆的中心点上，向外拖曳另一个圆，填充渐变色，调整圆的大小、位置，效果如图 3-108 所示。

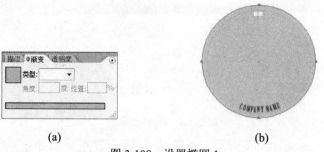

(a)　　　　　　　　　　　　　(b)

图 3-108　设置椭圆 1

(5) 选择"椭圆工具" ◎ 创建一个椭圆，同时按住 Alt+Shift 组合键将鼠标放置在绘制好的圆的中心点上，向外拖曳另一个圆，填充颜色，调整圆的大小、位置，效果如图 3-109 所示。

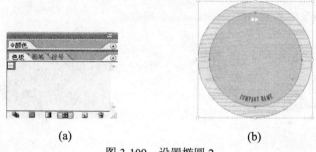

(a)　　　　　　　　　　　　　(b)

图 3-109　设置椭圆 2

(6) 在圆内分别插入图片，在"符号"面板选择所需的图片，调整大小、位置，效果如图 3-110 所示。

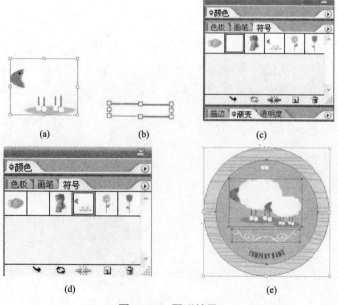

(a)　　　　　　(b)　　　　　　(c)

(d)　　　　　　　　　　(e)

图 3-110　图形效果 1

(7) 将做好的图标再复制 3 个，调整好位置、大小，效果如图 3-111 所示。

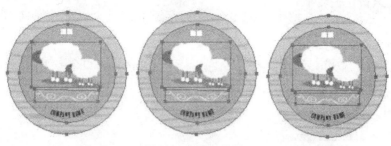

图 3-111　图形效果 2

(8) 重复前面 5 个步骤，改变圆内的图片，用同样的方法分别插入不同的图片，调整其大小、位置，效果如图 3-112 所示。

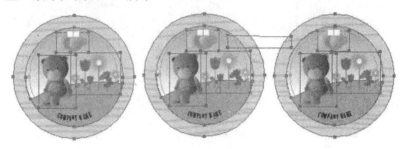

图 3-112　图形效果 3

(9) 分别使用"选择工具" 选定，将两组图标在按住 Alt 键的同时拖动鼠标，对图标进行复制并调整位置，效果如图 3-113 所示。至此，不干胶贴纸制作完成。

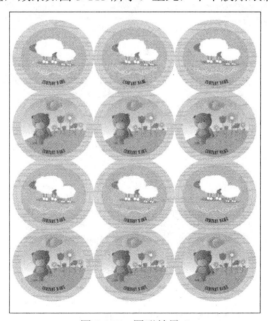

图 3-113　图形效果 4

【习题】请你也为小朋友们设计一幅不干胶贴纸作为奖励吧。

3.6.2 大头贴图案

【任务简介】把自己的照片做成大头贴。

【创意】如果喜欢可爱的风格，那么在设计时元素的选择以可爱为主，包括色彩、线条造型等。

【效果图】

效果图如图 3-114 所示。

图 3-114 效果图

【操作步骤】

(1) 新建文档，大小为 A4，方向为横向，颜色模式为 CMYK，如图 3-115 所示。

图 3-115 新建文档

(2) 使用"矩形工具"绘制一个矩形，并添加渐变颜色，效果如图 3-116 所示。

图 3-116 绘制矩形

(3) 置入要做成大头贴的照片。

图 3-117　置入照片

(4) 在置入的照片上方绘制一个心形，如图 3-118 所示。

图 3-118　绘制心形

(5) 选中照片和心形，建立剪切蒙版，效果如图 3-119 所示。

图 3-119　建立剪切蒙版

(6) 使用"钢笔工具"画出几个心形，并设置颜色，在"描边"面板中设置相应的选项，如图 3-120 所示。

图 3-120　设置心形

(7) 选择"钢笔工具"画出几个不规则的矩形，并设置颜色，在"描边"面板中设置相应的选项，如图 3-121 所示。

图 3-121　设置不规则矩形

(8) 添加装饰图案。将装饰图案或复制，或变换大小和方向，放置到相应的位置，如图 3-122 所示。

图 3-122　添加装饰图案

(9) 选择"文本工具"输入文本作为装饰，设置颜色，在"字符"面板中进行相应的设置，如图 3-123 所示。

图 3-123　输入文本

(10) 大头贴图案绘制完成，保存文件，效果如图 3-124 所示。

图 3-124　图形效果

【习题】为自己设计和制作一组大头贴图案。

3.7　综合实践作业

【任务】模仿设计和制作公司的宣传册。

【要求】

(1) 大小：A4 纸。

(2) 页数：8 页。

(3) 内容可以模仿某公司的宣传册设计和制作。

(4) 必须包含公司发展和公司文化信息。

(5) 要灵活运用 AI 设计，设计新颖独特，最好能体现个人设计风格。

【参考设计作品欣赏】

1. 楼书设计(一)

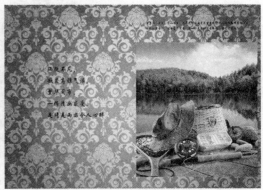

2. 楼书设计(二)

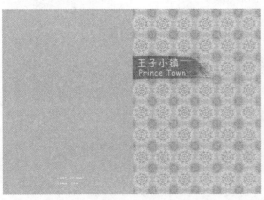
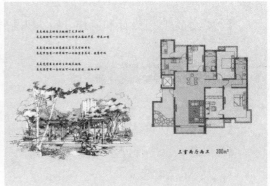

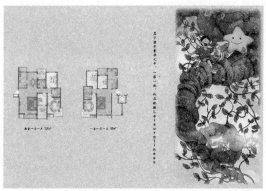

3. 产品宣传册设计

在汽车内饰中，独特的设计理念引领汽车内饰时尚潮流，彰显卓越非凡气质。公司精选的布料花色齐全，采用新型环保材料和创新优质面料，必将引导未来几年行业趋势。爵蝌顶级汽车座套是汽车的时装，既能表达出车主的品牌，又可以体现出车主的情趣。爵蝌顶级汽车座套定位于有现代意识、广阔的视野、认可科技技术价值的人士，宜家宜商。爵蝌顶级设计风格现代又立足于传统文化元素，视觉有张力又相当耐味内敛，风格简洁工艺精湛且超凤随波逐流的永恒经典。

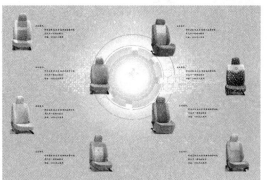

Illustrator
快捷方式

工具箱

移动工具 [V]

直接选取工具、组选取工具 [A]

钢笔、添加锚点、删除锚点、改变路径角度 [P]

添加锚点工具 [+]

删除锚点工具 [-]

文字、区域文字、路径文字、竖向文字、竖向区域文字、竖向路径文字 [T]

椭圆、多边形、星形、螺旋形 [L]

增加边数、倒角半径及螺旋圈数(在[L]、[M]状态下绘图) [↑]

减少边数、倒角半径及螺旋圈数(在[L]、[M]状态下绘图) [↓]

矩形、圆角矩形工具 [M]

画笔工具

铅笔、圆滑、抹除工具 [N]

旋转、转动工具 [R]

缩放、拉伸工具 [S]

镜向、倾斜工具 [O]

自由变形工具 [E]

混合、自动勾边工具 [W]

图表工具(七种图表) [J]

渐变网点工具

渐变填色工具 [G]

颜色取样器

油漆桶工具 [K]

剪刀、餐刀工具 [C]

视图平移、页面、尺寸工具 [H]

放大镜工具 [Z]

默认前景色和背景色 [D]

切换填充和描边 [X]

标准屏幕模式、带有菜单栏的全屏模式、全屏模式 [F]

切换为颜色填充 [<]

切换为渐变填充 [>]

切换为无填充 [/]

临时使用抓手工具 [空格]

精确进行镜向、旋转等操作 选择相应的工具后按[回车]

复制物体 在[R]、[O]、[V]等状态下按[Alt]+[拖动]

文件操作

新建图形文件 [Ctrl]+[N]

打开已有的图像 [Ctrl]+[O]

关闭当前图像 [Ctrl]+[W]

保存当前图像 [Ctrl]+[S]

另存为... [Ctrl]+[Shift]+[S]

存储副本 [Ctrl]+[Alt]+[S]

页面设置 [Ctrl]+[Shift]+[P]

文档设置 [Ctrl]+[Alt]+[P]

打印 [Ctrl]+[P]

打开"预置"对话框 [Ctrl]+[K]

回复到上次存盘之前的状态 [F12]

编辑操作

还原前面的操作(步数可在预置中) [Ctrl]+[Z]

重复操作 [Ctrl]+[Shift]+[Z]

将选取的内容剪切放到剪贴板 [Ctrl]+[X]或[F2]

将选取的内容复制放到剪贴板 [Ctrl]+[C]

将剪贴板的内容粘到当前图形中 [Ctrl]+[V]或[F4]

将剪贴板的内容粘到最前面 [Ctrl]+[F]

将剪贴板的内容粘到最后面 [Ctrl]+

删除所选对象 [DEL]

选取全部对象 [Ctrl]+[A]

取消选择 [Ctrl]+[Shift]+[A]

再次转换 [Ctrl]+[D]

发送到最前面 [Ctrl]+[Shift]+[]]

向前发送 [Ctrl]+[]]

发送到最后面 [Ctrl]+[Shift]+[[]

向后发送 [Ctrl]+[[]

群组所选物体 [Ctrl]+[G]

取消所选物体的群组 [Ctrl]+[Shift]+[G]

锁定所选的物体 [Ctrl]+[2]

锁定没有选择的物体 [Ctrl]+[Alt]+[Shift]+[2]

全部解除锁定 [Ctrl]+[Alt]+[2]

隐藏所选物体 [Ctrl]+[3]

隐藏没有选择的物体 [Ctrl]+[Alt]+[Shift]+[3]

显示所有已隐藏的物体 [Ctrl]+[Alt]+[3]

联接断开的路径 [Ctrl]+[J]

对齐路径点 [Ctrl]+[Alt]+[J]

调合两个物体 [Ctrl]+[Alt]+

取消调合 [Ctrl]+[Alt]+[Shift]+

调合选项 选[W]后按[回车]

新建一个图像遮罩 [Ctrl]+[7]

取消图像遮罩 [Ctrl]+[Alt]+[7]

联合路径 [Ctrl]+[8]

取消联合 [Ctrl]+[Alt]+[8]

图表类型 选[J]后按[回车]

再次应用最后一次使用的滤镜 [Ctrl]+[E]

应用最后使用的滤镜并调节参数 [Ctrl]+[Alt]+[E]

文字处理

文字左对齐或顶对齐 [Ctrl]+[Shift]+[L]

文字中对齐 [Ctrl]+[Shift]+[C]

文字右对齐或底对齐 [Ctrl]+[Shift]+[R]

文字分散对齐 [Ctrl]+[Shift]+[J]

插入一个软回车 [Shift]+[回车]

精确输入字距调整值 [Ctrl]+[Alt]+[K]

将字距设置为 0 [Ctrl]+[Shift]+[Q]

将字体宽高比还原为 1 比 1 [Ctrl]+[Shift]+[X]

左 / 右选择 1 个字符 [Shift]+[←]/[→]

下 / 上选择 1 行 [Shift]+[↑]/[↓]

选择所有字符 [Ctrl]+[A]

选择从插入点到鼠标点按点的字符 [Shift]加点按

左 / 右移动 1 个字符 [←]/[→]

下 / 上移动 1 行 [↑]/[↓]

左 / 右移动 1 个字 [Ctrl]+[←]/[→]

将所选文本的文字大小减小 2 点象素 [Ctrl]+[Shift]+[<]

将所选文本的文字大小增大 2 点象素 [Ctrl]+[Shift]+[>]

将所选文本的文字大小减小 10 点象素 [Ctrl]+[Alt]+[Shift]+[<]

将所选文本的文字大小增大 10 点象素 [Ctrl]+[Alt]+[Shift]+[>]

将行距减小 2 点象素 [Alt]+[↓]

将行距增大 2 点象素 [Alt]+[↑]

将基线位移减小 2 点象素 [Shift]+[Alt]+[↓]

将基线位移增加 2 点象素 [Shift]+[Alt]+[↑]

将字距微调或字距调整减小 20/1000ems [Alt]+[←]

将字距微调或字距调整增加 20/1000ems [Alt]+[→]

将字距微调或字距调整减小 100/1000ems [Ctrl]+[Alt]+[←]

将字距微调或字距调整增加 100/1000ems [Ctrl]+[Alt]+[→]

光标移到最前面 [HOME]

光标移到最后面 [END]

选择到最前面 [Shift]+[HOME]

选择到最后面 [Shift]+[END]

将文字转换成路径 [Ctrl]+[Shift]+[O]

视图操作

将图像显示为边框模式(切换) [Ctrl]+[Y]

对所选对象生成预览(在边框模式中) [Ctrl]+[Shift]+[Y]

放大视图 [Ctrl]+[+]

缩小视图 [Ctrl]+[-]

放大到页面大小 [Ctrl]+[0]

实际象素显示 [Ctrl]+[1]

显示/隐藏所路径的控制点 [Ctrl]+[H]

隐藏模板 [Ctrl]+[Shift]+[W]

显示/隐藏标尺 [Ctrl]+[R]

显示/隐藏参考线 [Ctrl]+[;]

锁定/解锁参考线 [Ctrl]+[Alt]+[;]

将所选对象变成参考线 [Ctrl]+[5]

将变成参考线的物体还原 [Ctrl]+[Alt]+[5]

贴紧参考线 [Ctrl]+[Shift]+[;]

显示/隐藏网格 [Ctrl]+["]

贴紧网格 [Ctrl]+[Shift]+["]

捕捉到点 [Ctrl]+[Alt]+["]

应用敏捷参照 [Ctrl]+

显示/隐藏"字体"面板 [Ctrl]+[T]

显示/隐藏"段落"面板 [Ctrl]+[M]

显示/隐藏"制表"面板 [Ctrl]+[Shift]+[T]

显示/隐藏"画笔"面板 [F5]

显示/隐藏"颜色"面板 [F6]/[Ctrl]+

显示/隐藏"图层"面板 [F7]

显示/隐藏"信息"面板 [F8]

显示/隐藏"渐变"面板 [F9]

显示/隐藏"描边"面板 [F10]

显示/隐藏"属性"面板 [F11]

显示/隐藏所有命令面板 [TAB]

显示或隐藏工具箱以外的所有调板 [Shift]+[TAB]

选择最后一次使用过的面板 [Ctrl]+[~]